长荡湖维管植物图谱

ATLAS OF VASCULAR PLANTS IN CHANGDANG LAKE

主　编　赵　凯　周彦锋　杨建新

副主编　曹迎庆　俞振飞　张　响　田荣伟　徐俊华

　　　　付言言　刘锁明　彭湘湘

中国科学技术大学出版社

内 容 简 介

长荡湖地处我国经济发达的太湖流域,是太湖流域第三大湖泊,与滆湖、太湖呈串珠状相连。在太湖流域众多湖泊中,长荡湖一直是水生植被覆盖率较高、水质较好的水域。本书基于长期野外调查,收录大量长荡湖及沿岸维管植物。在编写体例上本书吸纳国内外同类图谱的优点,以彩色照片为引领,配以简要的文字,着重介绍物种的形态特征及分布情况。本书对长荡湖乃至太湖流域的湿地植被保护、管理及研究具有重要的参考价值,也可作为工具书供长荡湖及周边地区湿地保护工作者、科普宣教工作者及植物爱好者使用。

图书在版编目(CIP)数据

长荡湖维管植物图谱/赵凯,周彦锋,杨建新主编. —合肥:中国科学技术大学出版社,2021.1

ISBN 978-7-312-05083-1

Ⅰ.长… Ⅱ.①赵… ②周… ③杨… Ⅲ.维管植物—常州—图集 Ⅳ.Q949.4-64

中国版本图书馆CIP数据核字(2020)第211345号

长荡湖维管植物图谱
CHANGDANG HU WEIGUAN ZHIWU TUPU

出版	中国科学技术大学出版社
	安徽省合肥市金寨路96号,230026
	http://press.ustc.edu.cn
	https://zgkxjsdxcbs.tmall.com
印刷	安徽国文彩印有限公司
发行	中国科学技术大学出版社
经销	全国新华书店
开本	787 mm×1092 mm 1/16
印张	18.5
字数	474千
版次	2021年1月第1版
印次	2021年1月第1次印刷
定价	88.00元

《长荡湖维管植物图谱》

组织委员会

顾　问　陈锁龙　徐　跑

主　任　朱　霞　曹　俊

副主任　周建立　丁　皓

委　员　姜仁良　于志强

编　委　会

主　编　赵　凯　周彦锋　杨建新

副主编　曹迎庆　俞振飞　张　响　田荣伟　徐俊华

　　　　付言言　刘锁明　彭湘湘

编　委（以姓氏笔画为序）

丁建亭　丁隆强　凡迎春　马顺达　王继斌

王　强　台昌锐　叶学瑶　田息根　匡　箴

任文强　刘华兵　刘国政　刘　凯　汤文婕

许　钰　孙志俊　孙春芳　李红军　杨国洪

杨姣姣　吴凌风　沈小伟　张　杰　陈永进

陈建平　邵锡明　金国胜　周海良　胡　涛

耿　捷　倪明辉　徐夕亚　徐东坡　曹建华

蒋敖华　景　丽　焦魁虎　谢小平　谢跃忠

赖辅鑫　詹政军　潘云飞　魏礼彦

序//

　　浩瀚长江依北而出,蜿蜒天目山雄踞西南,太湖流域大小湖泊星罗棋布,江南水乡风景如画。在太湖流域众多的淡水湖泊中,长荡湖一直物产富饶、动植物资源丰富。

　　高等植物作为湖泊生态系统的关键组成部分,为鱼类、鸟类等动物提供饵料资源,为浮游动物、无脊椎动物及脊椎动物提供栖息地和活动场所,在水污染净化中扮演着关键的角色,对维护生态系统的结构和功能、改善水环境、维持水生生态系统的健康至关重要。自党的十八大将生态文明建设提到前所未有的战略高度以来,江苏省常州市金坛区委、区政府高度重视长荡湖的生态保护及治理工作,在太湖流域率先开展了网围整治、退田还湖、生态清淤、出入湖河道整治、增殖放流等一系列湖泊生态保护及综合治理工程。

　　长荡湖地处我国经济发达、现代化程度高的苏南地区,频繁的经济生产和高负荷的人为活动给长荡湖的生态环境造成了严重的破坏,长荡湖高等植物分布面临着严峻的挑战。为全面开启针对长荡湖水生植被的保护和管理工作,长荡湖水产管理委员会邀请了专业的科研团队对长荡湖的生态现状进行了系统的针对性调查。在连续三年十余次现场调查的基础上,研究团队获得了丰富的一手资料,基本掌握了长荡湖高等植物的分布现状及变化格局。为进一步加快推动长荡湖生态文明建设进程,强化长荡湖的生态保护和科普宣教职能,编写组整理汇总了野外调查成果中高等植物的分布情况,并编写了《长荡湖维管植物图谱》一书。

　　本书收录了长荡湖湖区及沿岸分布的维管植物,主体部分为植物物种的分种描述,所有物种均配有现场拍摄的精美图片,其中包含大量花、果及主要鉴别特征的特写图片,具有极强的可读性。本书填补了长江三角洲地区湖泊植物图谱的空白,对于研究太湖流域及长江三角洲地区的植物分布及生态保护工作具有较高的参考价值。同时,该书也可为广大植物

爱好者及热心环保的非专业人士提供植物物种鉴定方面的指导,是一本兼具学术性和科普性的图书。

我们期待该书的出版能得到广大读者的关注和喜爱,也希望该书的出版能进一步推动长荡湖生态保护进程,促进太湖流域环境保护事业的健康发展。

陈续存

2020 年 4 月

前　言//

　　长荡湖又名洮湖,位于江苏省南部,跨金坛、溧阳两地,是江苏省十大淡水湖之一,素有"一斛水中半斛鱼,日出斗金夜斗银"之美誉。长荡湖原面积110平方千米,因20世纪60~80年代环湖居民大量围垦湖泊滩地,累计建圩22座,使得湖泊面积急剧缩小。现长荡湖形状如梨,长16千米,最大宽8千米,平均宽5.6千米,面积89平方千米,正常蓄水位3.40米,蓄水量$0.98×10^8$立方米。湖盆地形平坦,无显著起伏,最大水深1.5米,平均水深1.3米,北半部湖盆水较深,南半部水浅,多沼泽性芦苇浅滩。

　　维管植物在湖泊生态系统中扮演着重要的角色,能为鱼类和鸟类提供饵料资源和繁殖场所,在水质净化过程中也可起到决定性作用。湖泊生态系统往往伴随着草型和藻型两种稳态,前者具有低营养盐和水体清洁的特征,后者则水体浑浊,有富营养化程度加剧、水质恶化、蓝藻水华爆发等现象。维持湖泊水生植被的分布是治理太湖流域日趋严重的湖泊富营养化的主要手段,也是主要目标。

　　历史上长荡湖一直是一个水体清洁的草型湖泊,20世纪80年代,长荡湖地区率先开展了网围养殖技术探索,全国第一块网围就诞生于长荡湖,为江苏省乃至全国湖泊渔业的发展作出了积极示范和重要贡献。高峰时期,长荡湖网围养殖面积约45.36平方千米,占湖区总面积的52.29%,成为金坛的特色产业和富民产业。大量的网围养殖也给长荡湖的水生植被分布造成了显著的负面影响,长荡湖水生植被保护工作已经到了关键节点。

　　随着国家对太湖流域水污染治理工作的逐渐加强,在其他水域水草普遍消失的情况下,如何保护长荡湖的水生植被是太湖流域植被管理环节的重点工作之一。同时,长荡湖在周边经济发展过程中发挥着饮用水源、防洪调蓄、农业灌溉和渔业生产等多种功能。因此,维持长荡湖的植被分布对周边地区的经济发展和社会稳定具有重要意义。

近年来,江苏省常州市金坛区委、区政府高度重视长荡湖生态保护及治理工作,在太湖流域率先开展了网围整治、退田还湖、生态清淤、出入湖河道整治、增殖放流等一系列湖泊生态保护及综合治理工程。目前已拆除了长荡湖金坛境内的全部网围,彻底清理了长荡湖范围内的所有废弃船舶,其他相关工程与措施也在有序推进中。

为进一步做好长荡湖生态保护工作,2016年5月,在长荡湖管理委员会(简称"湖管会")管理处的组织下,安庆师范大学和中国水产科学研究院(简称"中国水科院")淡水渔业研究中心共同开展了长荡湖水生生物资源本底调查,本书即为本次生态调查工作的主要成果之一。湖管会专门成立了水生生物资源本底调查工作组,周建立、姜仁良、杨建新、于志强负责组织协调;曹迎庆、徐俊华、张响、付言言、胡涛、孙春芳等同志参与野外调查与标本采集;刘锁明、田荣伟、彭湘湘、倪明辉、金国胜、沈小伟、李红军等同志负责后勤保障工作;于志强、付言言、胡涛提供了部分图片,安庆师范大学和中国水科院淡水渔业研究中心负责资料的搜集汇总与统稿。

本书收录大量长荡湖湖区及沿岸分布的维管植物,其中野生乡土植物较多。所有物种均配有彩色照片,大部分照片为野外调查实地拍摄,其中包括一些花、果及主要鉴别特征的特写图片。本书蕨类植物采用Flora of China系统(2010),裸子植物采用Christenhusz系统(2011),被子植物采用APG Ⅳ系统(2016),物种中文名与《中国生物物种名录》(贾渝和何思,2013)一致。在简述长荡湖自然地理概况的基础上,重点介绍长荡湖维管植物的多样性及分布。鉴于长荡湖承担的生态职能日趋多样化,本书将沿岸分布的中生植物及人工栽培物种也尽量收录进来。为增强本书的可读性和科普性,文字内容尽量精简,形态描述部分更加注重对主要鉴别特征的描述。本书旨在记录和描述长荡湖地区植物资源分布现状,为长荡湖生态保护工作尤其是植被恢复与管理工作提供基础资料,亦可为广大植物爱好者及热心环保的非专业人士提供植物物种鉴定方面的帮助。由于编者水平有限,错误和遗漏之处在所难免,恳请读者批评指正。

编　者

2020 年 11 月

目　录//

第一章 绪 论

一、长荡湖自然概况

长荡湖又名洮湖,位于江苏省南部,介于东经119°30′到119°40′、北纬31°30′到31°40′之间,跨常州市金坛区和溧阳市两个行政区域,是江苏省十大淡水湖之一。

长荡湖原有面积110平方千米左右,20世纪60~80年代,环湖居民大量围垦湖泊滩地,建圩22座,圩区面积达22.46平方千米。其中,60年代围垦1平方千米,70年代围垦20平方千米,80年代围垦2平方千米,使湖泊面积急剧缩小。现长荡湖形状如梨,正常蓄水位为3.49米,平均水深为1.3米左右,湖盆地形平坦,无显著起伏,北半部湖盆水较深,南半部水浅,多沼泽性芦苇浅滩。

长荡湖地处北亚热带湿润气候区,属海洋性湿润气候,具有明显的季风特征,气候温和,雨量充沛,日照充足,多年平均无霜期241天,年均日照2033.8小时。长荡湖四季分明,春季干燥少雨,夏季高温高湿、雨量集中,秋季凉爽,冬季寒冷干燥。长荡湖湖区多年平均气温介于14.9~16.2摄氏度之间,1月平均气温为2.1摄氏度,极端低气温为-17.0摄氏度,7月平均气温为28.7摄氏度,极端最高气温为39.2摄氏度。常年主导风向为东南风、东风,多年平均风速为每秒3.5米,实测最大风速为每秒22.0米。

湖区多年平均降水量为1100.0毫米,最大年降水量为1731.6毫米(1991年),最小年降水量为646.0毫米(1978年)。降水主要集中汛期(5~9月),多年平均降水量为667.6毫米,多年平均最大月降水量为179.0毫米(7月),多年平均最小月降水量为35.1毫米(12月)。湖区多年平均水面蒸发量为1058毫米。

长荡湖是气象灾害多发地区,主要气象灾害有暴雨、洪涝、干旱、寒潮、霜冻、连阴雨、冰雹、热带风暴等。

二、长荡湖维管植物物种多样性

本书收录大量野外实地调查及已有资料记载的长荡湖维管植物。其中包括蕨类植物、裸子植物和被子植物。被子植物科、属、种数量均占绝对优势,分别占全书包含的科、属、种总数的91.23%、95.91%和96.57%。本书收录的维管植物包括长荡湖地区野生分布的乡土维管植物、外来植物以及栽培植物,另有少数近二十年调查未记录的物种,因其存在自然恢复的可能,也被收录。

根据《国家重点保护野生植物名录(第一批)》,长荡湖地区共分布有6种国家保护植物,包括国家Ⅰ级重点保护植物2种,分别为水杉(*Metasequoia glyptostroboides*)和莼菜(*Brasenia schreberi*);国家Ⅱ级重点保护植物4种,分别为莲(*Nelumbo nucifera*)、野大豆(*Glycine soja*)、樟(*Cinnamomum camphora*)和细果野菱(*Trapa incisa*)。其中,水杉和樟为人工栽培,莼菜虽然已经在长荡湖消失,但附近地区仍有人工栽培。

根据植物与环境中水分的关系,对长荡湖分布的维管植物进行生态型划分:中生植物(Mesophyte),指分布于干旱适中的土壤环境中,部分物种具有一定的耐涝性,但不能忍受长时间淹水的物种;湿生植物(Phreatophyte),指具有较强的耐涝性,能适应过湿的土壤环境,但不能忍受长时间干旱的物种;水生植物(Macrophyte),指可在淹水环境中完成整个生活史周期,且无法长时间耐受非淹水环境的物种。水生植物又可根据其生物量在水体中的分配方式划分成四种类型:漂浮植物(Floating plant),指所有生物量都集中分布在水面附近的植物;浮叶植物(Leaf-floating plant),指叶片分布于水面附近,通过茎或叶柄与扎在底泥中的根相连的植物;挺水植物(Emergent plant),指大部分生物量露出水面之上,但根部生长在底泥中的植物;沉水植物(Submerged plant),指生物量全部(繁殖期可有少数繁殖器官或茎叶露出水面)位于水面以下的植物。

长荡湖地区分布的维管植物以中生植物为主,有391种,占总物种数的70.58%;湿生植物次之,有104种,占总物种数的18.77%;水生植物共有59种,占总物种数的10.65%。水生植物中,漂浮植物、浮叶植物、挺水植物和沉水植物分别有8种、15种、17种和19种(见表1.1)。

表1.1　长荡湖维管植物生态型组成

生态型		物种数	占比
中生植物		391	70.58 %
湿生植物		104	18.77 %
水生植物 (59种,占比10.65%)	漂浮植物	8	1.44 %
	浮叶植物	15	2.71 %
	挺水植物	17	3.07 %
	沉水植物	19	3.43 %

三、典型生境维管植物分布概况

长荡湖位于江苏省常州市金坛区和溧阳市交界处,大部分区域位于金坛区境内;周围地势低平,北部和东部为洮滆平原,西部和南部为低洼圩区,东南部有少量低矮丘陵。在长期的人为活动与自然过程的共同作用下,长荡湖周边演变出多样的植被分布生境,为丰富的维管植物分布创造了不同的生存空间。

(一)开阔水域

包括长荡湖的开阔湖区,以沉水植被和浮叶植被为主。东北部的水街至大涪山以西的广大湖区有连片荇菜分布,网围外围则间断分布有菱、水鳖、聚草、金鱼藻等水生植物。该水域水生植被分布面积较大,物种组成则相对单一,物种组成及分布区面积随水位变化表现出较大的年际差异。

图1.1　敞水区荇菜群落

（二）芦苇沼泽

沿岸分布，在西部近岸的水八卦及五七农场外围分布区面积较大，东部水街外围亦有连片间断分布。该区域芦苇为绝对优势种，旱柳、垂柳等耐涝乔木树种亦有分布。在水深较大的低洼处常有大量沉水植物分布，黑藻、金鱼藻、菹草、聚草等在此生长旺盛。

图1.2　浅水沼泽

（三）丘陵岗地

长荡湖东南部岸边金坛市儒林镇境内有长荡湖周边唯一的丘陵——大涪山，其由南北二峰组成，南为主峰，海拔35.6米，坡陡顶平，占地约0.15平方千米。大涪山以中生乔木树种为主，除野生分布的构树、朴树、丝棉木外，人工栽培的火炬松、香樟、梨等在此亦有分布。主要灌木树种有海州常山、白背叶、算盘子、扁担杆等。藤本植物有扶芳藤、千金藤、防己、蘡薁、乌蔹莓、薜荔等。草本植物以鸭跖草、马唐、禾叶山麦冬、虮子草、狗尾草、求米草等最为常见。

图1.3 大涪山丘陵地貌

（四）堤坝圩埂

堤坝圩埂由湖堤、围堰、农田等的堤埂共同组成,以中生的草本植物为主,但桑、乌桕、楝树等乔木树种也偶见生长。草本植物除狗尾草、牛筋草、画眉草、乱草、狗牙根等禾本科植物外,蓼属、野豌豆属、毛茛属的中生草本植物在此亦有分布。藤本植物中菟丝子、乌蔹莓、野扁豆等亦有分布。

图1.4 堤坝俯瞰

（五）公园绿地

长荡湖沿岸目前有水城一处规模较大的公园生境,水八卦、水街等地地势较高处也栽培有一定数量的人工绿化植被。主要植被以栽培的人工绿化植被为主,以中生乔木树种数量最多,草本花卉的栽培种类也非常丰富。主要乔木树种包括雪松、朴树、香樟、三角枫、池杉、落羽杉、水杉、枣等,主要野生草本植物有通奶草、斑地锦、假俭草、斑茅、棒头草、狗牙根等。主要栽培的草本植物包括天人菊、矢车菊、百日菊、桔梗、虞美人、黑麦草、蒲苇等。此外,在水城内栽培有紫竹、毛竹、金丝毛竹、金镶玉竹、斑竹等竹类以及睡莲、莲、千屈菜等水生草本植物供观赏。

图1.5　长荡湖水城俯瞰

(六) 农田水网

目前,长荡湖周边的农田作物植被已经较少,仅渔业村、五七农场、上黄等地有少量斑块状分布的农田,主要种植水稻。在水稻田及其附属的灌溉沟渠内分布有大量的野生湿生草本植物,以李氏禾、莎草、两歧飘拂草、母草、陌上菜、茵草、藨草、喜旱莲子草、蚊母草、水苋菜等最为常见。

图1.6　村庄及农田

(七) 网围养殖区

自20世纪80年代起,长荡湖网围养殖快速发展,网围养殖面积最高峰达到约45.36平方千米,超过湖泊总面积的一半。在网围养殖区内分布有大量沉水植被,主要是人工栽培的伊乐藻、黑藻等。但由于该区域风浪较小、水文条件相对稳定,也为其他的水生植被分布创造了条件,尤其在弃养的网围区内,苦草、小茨藻、大茨藻、微齿眼子菜等均有一定数量的分布。在网围间隙水域,植被生长一般也比较旺盛,以水鳖、荇菜、菱、黄花水龙、槐叶萍、紫萍等浮叶和漂浮植物最为常见。

图1.7　围网养殖区

（八）围堰养殖区

长荡湖在20世纪60~80年代出现过人工围垦的高峰期,如今这部分围垦区多养殖中华绒螯蟹。与网围养殖区不同,围堰养殖区有硬质堤坝,养殖区水面与大湖区也不再直接连通。与网围养殖区相同,出于养殖的需要围堰内会有一定数量的人工栽培的沉水植物分布,主要是伊乐藻和黑藻。但围堰稳定的水文条件也可为其他水生植物创造良好的生长条件。在弃养的围堰内几乎所有的沉水植物物种均有分布,其中金鱼藻、苦草、小茨藻、大茨藻、东方茨藻、篦齿眼子菜、聚草等相对更为常见。菱、槐叶萍、水鳖、凤眼莲等浮叶和漂浮植物也有一定数量的分布。

图1.8　围堰养殖区

四、长荡湖水生植被空间分布

根据2016年5月的野外实地调查及同时期遥感影像解译,绘制出长荡湖湖区植被空间分布示意图(见图1.9)。长荡湖水生植被分布区面积共计约31.19平方千米,占湖区总面积的34.98%。从空间分布特征来看,沿岸基本为草丛和芦苇群落,湖区广泛分布有以荇菜和菱为主要优势种的浮叶植被,沉水植被为优势种的群落类型集中分布于静水水域。

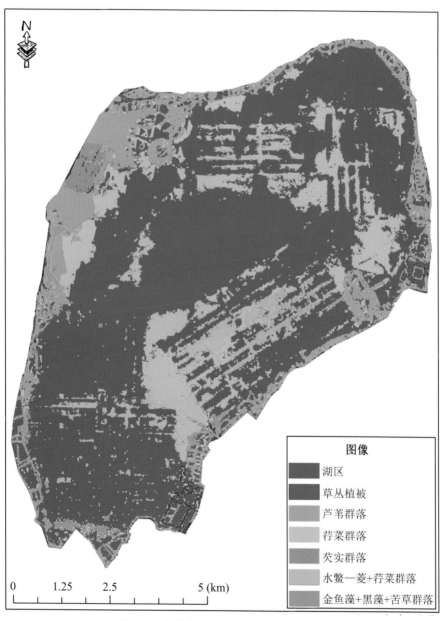

图例

- 湖区
- 草丛植被
- 芦苇群落
- 荇菜群落
- 芡实群落
- 水鳖—菱+荇菜群落
- 金鱼藻+黑藻+苦草群落

0   1.25   2.5   5 (km)

图1.9　长荡湖水生植被空间分布示意图

第二章　蕨类植物门

问荆 *Equisetum arvense* L.

科属:木贼科 Equisetaceae　木贼属 *Equisetum*

特征简介:中小型植物。枝2型。可育枝春季先萌发,高5~35厘米,节间长2~6厘米,黄棕色,无轮茎分枝,有密纵沟;鞘筒栗棕色或淡黄色,长约0.8厘米,鞘齿9~12枚,栗棕色,孢子散后枯萎。不育枝后萌发,高达40厘米,节间长2~3厘米,绿色,轮生分枝多;鞘筒狭长,绿色,鞘齿5~6枚,三角形。孢子囊穗圆柱形,长1.8~4厘米,直径0.9~1厘米,顶端钝,成熟时柄伸长,柄长3~6厘米。
物种分布:北半球广布。长荡湖五七农场堤坝有分布。

可育枝

不育枝

节节草 *Equisetum ramosissimum* Desf.

科属:木贼科 Equisetaceae　木贼属 *Equisetum*

特征简介:中小型植物。地上枝多年生。枝1型,高20~60厘米,节间长2~6厘米,主枝多在下部分枝,常形成簇生状。鞘筒狭长,约1厘米,下部灰绿色,上部灰棕色;鞘齿5~12枚,三角形。侧枝较硬,圆柱状。孢子囊穗短棒状或椭圆形,长0.5~2.5厘米,中部直径0.4~0.7厘米,顶端有小尖突,无柄。
物种分布:北半球广布。长荡湖地区常见,堤坝至路旁均有分布。

植株

孢子囊穗

海金沙 *Lygodium japonicum* (Thunb.) Sw.

科属:海金沙科Lygodiaceae　海金沙属*Lygodium*

特征简介:缠绕草本。植株长1~4米;叶轴上面有2条狭边,羽片多数,平展。不育羽片尖三角形,长宽相等,两侧有狭边,2回羽状;主脉明显,侧脉纤细,从主脉斜上,1~2回2叉分歧,直达锯齿。叶纸质,干后绿褐色。两面沿中肋及脉上略有短毛。能育羽片卵状三角形,长宽相等,2回羽状。孢子囊穗长2~4毫米,其长度往往远超过小羽片的中央不育部分,暗褐色,无毛。

物种分布:我国长江流域以南广布,东南亚、太平洋岛屿至热带澳洲均有分布。长荡湖地区常见。

能育羽

不育羽

蘋 *Marsilea quadrifolia* L.

科属:蘋科Marsileaceae　蘋属*Marsilea*

特征简介:植株柔弱。高5~20厘米;根状茎细长横走,分枝。叶柄长5~20厘米,淹水时叶柄可随水深的增加而延长;叶片由4片倒三角形的小叶组成,呈十字形,外缘半圆形,基部楔形,全缘。孢子果双生或单生于短柄上,着生于叶柄基部。每个孢子果内含多数孢子囊,1个大孢子囊内只有1个大孢子,小孢子囊内有多数小孢子。

物种分布:我国广布,世界温热两带其他地区也有。长荡湖水田、沟塘中可见。

陆生形态

淹水形态

满江红 *Azolla pinnata* subsp. *asiatica* R. M. K. Saunders & K. Fowler

科属:槐叶蘋科Salviniaceae　满江红属*Azolla*

特征简介:小型漂浮植物。植物体呈卵形或三角状,根状茎细长,向下生须根。叶小如芝麻,互生,无柄,覆瓦状排列成两行。叶片深裂分为背裂片与腹裂片两部分,背裂片长圆形或卵形,肉质,绿色,秋后常变为紫红色,边缘无色透明,上表面密被乳状瘤突,下表面中部略凹陷;腹裂片贝壳状,无色透明,斜沉水中。孢子果双生于分枝处,大孢子果体积小,内藏1个大孢子囊;小孢子果体积大,内含多数小孢子囊。

物种分布:我国南北各省均有分布,朝鲜、日本也有。长荡湖湖汊、水田和静水沟塘常见。

春季形态

冬季形态

槐叶蘋 *Salvinia natans* (L.) All.

科属:槐叶蘋科Salviniaceae　槐叶蘋属*Salvinia*

特征简介:小型漂浮植物。茎细长而横走,被褐色节状毛。3叶轮生,上面2叶漂浮水面,形如槐叶,长圆形或椭圆形,长0.8~1.4厘米,宽5~8毫米,顶端钝圆,基部圆形或稍呈心形,全缘。叶脉斜出,在主脉两侧有小脉15~20对,每条小脉上面有5~8束白色刚毛;叶草质,上面深绿色,下面密被棕色茸毛。下面1叶悬垂水中,细裂成线状,被细毛,形如须根。孢子果4~8个簇生于沉水叶基部,表面疏生成束的短毛,小孢子果表面淡黄色,大孢子果表面淡棕色。

物种分布:我国南北各省均有分布,世界范围内北半球广布。长荡湖湖区及沟渠常见。

植株

幼叶

井栏边草 *Pteris multifida* Poir.

科属:凤尾蕨科Pteridaceae 凤尾蕨属*Pteris*

特征简介:植株高30~45厘米;叶多数簇生,明显2型;不育叶柄稍有光泽,光滑;叶片长20~40厘米,宽15~20厘米,1回羽状,线状披针形,先端渐尖,叶缘有不整齐的尖锯齿并有软骨质的边,羽片基部显著下延,形成宽3~5毫米的狭翅;能育叶狭线形,长10~15厘米,仅不育部分具锯齿,其余部分均全缘。主脉两面均隆起,侧脉明显。

物种分布:我国东南部各省广布,东南亚和日本也有分布。长荡湖常见,生于墙壁、石缝或灌丛下。

墙角生境

林下生境

第三章 裸子植物门

苏铁 *Cycas revoluta* Thunb.

科属：苏铁科Cycadaceae 苏铁属*Cycas*

特征简介：树干高约2米，稀达8米，圆柱形，有明显螺旋状排列的叶柄残痕。羽状叶长75~200厘米，裂片100对以上，条形，厚革质，坚硬，长9~18厘米，宽4~6毫米。小孢子叶球圆柱形，长30~70厘米，径8~15厘米，密生黄褐色长绒毛；大孢子叶长14~22厘米，密生淡灰黄色绒毛，胚珠2~6枚，生于大孢子叶柄的两侧。种子红褐色或橘红色，稍扁，长2~4厘米，径1.5~3厘米，密生灰黄色短绒毛。

物种分布：原产于我国华南地区，各地常有栽培。长荡湖水街等地有栽培。

雄球花　雌球花　种子

银杏 *Ginkgo biloba* L.

科属：银杏科Ginkgoaceae 银杏属*Ginkgo*

特征简介：高大乔木。叶扇形，有长柄，淡绿色，无毛，有多数叉状并列细脉，在短枝上常具波状缺刻，在长枝上常2裂；秋季落叶前变为黄色。雌雄异株，单性；雄球花柔荑花序状，下垂；雌球花具长梗，梗端2叉，每叉顶生1个盘状珠座，胚珠着生其上，通常仅1个叉端的胚珠发育成种子。种子具长梗，近球形。

物种分布：我国特产，世界各地均有栽培。长荡湖水城、普门寺等地有栽培。

雄球花　雌球花　种子

罗汉松 *Podocarpus macrophyllus* (Thunb.) Sweet

科属：罗汉松科Podocarpaceae　罗汉松属*Podocarpus*

特征简介：乔木。高可达20米；叶螺旋状着生，条状披针形，微弯，长7~12厘米，宽7~10毫米，先端尖，基部楔形，上面深绿色，有光泽，中脉显著隆起，下面带白色、灰绿色或淡绿色，中脉微隆起。雄球花穗状，腋生，常3~5个簇生于极短的总梗上，长3~5厘米；雌球花单生叶腋，有梗。种子卵圆形，径约1厘米，先端圆，熟时肉质假种皮紫黑色，有白粉，种托肉质圆柱形，红色或紫红色，柄长1~1.5厘米。花期4~5月，种子8~9月成熟。

物种分布：分布于我国长江流域以南各省，多为人工栽培，日本也有分布。长荡湖水城有栽培。

雄球花

雌球花

短叶罗汉松 *Podocarpus macrophyllus* var. *maki* Siebold & Zuccarini

科属：罗汉松科Podocarpaceae　罗汉松属*Podocarpus*

特征简介：小乔木或呈灌木状。枝条向上斜展；叶短而密生，长2.5~7厘米，宽3~7毫米，先端钝或圆。

物种分布：分布同罗汉松，多作为盆景栽培。长荡湖常见于水城。

雄球花

种子

水杉 *Metasequoia glyptostroboides* Hu et W. C. Cheng

科属:柏科Cupressaceae　水杉属*Metasequoia*

特征简介:落叶乔木。高可达50米;叶线形,质软,在侧枝上排成羽状,长0.8~1.5厘米,上面中脉凹下,下面沿中脉两侧有4~8条气孔线。雄球花在枝条顶部的花序轴上交互对生及顶生,排成总状或圆锥状花序,长15~25厘米;雌球花单生侧生小枝顶端,珠鳞9~14对。球果下垂,当年成熟,近球形;种鳞木质,盾形。种子扁平,周围有窄翅,先端有凹缺。

物种分布:野生种群仅见于我国重庆、湖北、湖南交界的山区,现全国各地广泛栽培。长荡湖沿岸水城、湿地公园等地有栽培。

树形

叶片

落羽杉 *Taxodium distichum* (L.) Rich.

科属:柏科Cupressaceae　落羽杉属*Taxodium*

特征简介:落叶乔木。高可达50米;叶条形,扁平,基部扭转在小枝上排成2列,羽状,长1~1.5厘米,宽约1毫米,先端尖,上面中脉凹下,淡绿色,下面黄绿色或灰绿色,中脉隆起,每边有4~8条气孔线。雄球花卵圆形,有短梗,在小枝顶端排列成总状花序状或圆锥花序状。球果球形,径约2.5厘米;种鳞木质,盾形,顶部有明显或微明显的纵槽。

物种分布:原产于北美东南部,我国多地引种栽培,生长良好。长荡湖水城有栽培,长势良好。

叶片

球果

池杉 *Taxodium distichum* var. *imbricatum* (Nuttall) Croom

科属：柏科Cupressaceae　落羽杉属*Taxodium*

特征简介：落叶乔木。高可达25米；树干基部膨大，通常有屈膝状的呼吸根；树冠较窄，呈尖塔形。叶钻形，微内曲，在枝上螺旋状伸展，长4~10毫米，基部宽约1毫米，向上渐窄，先端有渐尖的锐尖头，每边有2~4条气孔线。球果圆球形或矩圆状球形，有短梗，向下斜垂，长2~4厘米，径1.8~3厘米；种鳞木质，盾形；种子不规则三角形，微扁，红褐色，边缘有锐脊。水杉小叶基部宽，多对生；落羽杉小叶基部较窄，多互生；池杉叶钻形。可依据叶片形状区分三者。

物种分布：原产于北美东南部，我国沿江各省广泛栽培，生长良好。长荡湖水城有栽培，长势良好。

球果

气生根

圆柏 *Juniperus chinensis* L.

科属：柏科Cupressaceae　刺柏属*Juniperus*

特征简介：乔木。高达20米。尖塔形树冠。叶有2型，鳞形叶3叶轮生，直伸而紧密，长2.5~5毫米，背面近中部有椭圆形微凹的腺体；刺形叶3叶交互轮生，斜展，疏松，长6~12毫米，上面微凹，有2条白粉带。雌雄异株，稀同株。球果近圆球形，径6~8毫米，两年成熟，熟时暗褐色，被白粉或有白粉脱落，有1~4颗种子；种子卵圆形，扁，有棱脊及少数树脂槽。

物种分布：我国内蒙古乌拉山至广西大部分省均有分布，各地亦多栽培，朝鲜、日本也有分布。长荡湖大涪山普门寺等地有栽培。

鳞形叶

刺形叶

球果

雪松 *Cedrus deodara* (Roxburgh) G. Don

科属：松科 Pinaceae　雪松属 *Cedrus*

特征简介：高大乔木。树皮深灰色，裂成不规则的鳞状块片；枝平展、微斜展或微下垂，小枝常下垂。叶在长枝上辐射伸展，短枝之叶呈簇生状，针形，坚硬，淡绿色或深绿色，长2.5~5厘米，叶腹面两侧各有2~3条气孔线，背面4~6条，幼时气孔线有白粉。雄球花长卵圆形或椭圆状卵圆形，长2~3厘米，径约1厘米；雌球花卵圆形，长约8毫米，径约5毫米。球果卵圆形或宽椭圆形，长7~12厘米，径5~9厘米，有短梗；中部种鳞扇状倒三角形。

物种分布：原产于阿富汗至印度地区，我国长江流域以北广泛栽培。长荡湖水城等地有栽培。

植株

雌球花

日本五针松 *Pinus parviflora* Siebold et Zuccarini

科属：松科 Pinaceae　松属 *Pinus*

特征简介：乔木。在原产地高达25米，我国多作为盆景栽培，植株高度一般不超过3米；枝平展，树冠圆锥形；一年生枝，幼嫩时绿色，后呈黄褐色，密生淡黄色柔毛；冬芽卵圆形，无树脂。针叶5针一束，微弯曲，长3.5~5.5厘米，背面暗绿色，无气孔线，腹面每侧有3~6条灰白色气孔线。球果卵圆形或卵状椭圆形，几无梗，熟时种鳞张开，长4~7.5厘米，径3.5~4.5厘米。

物种分布：原产于日本，我国长江流域各大城市普遍作庭园树或盆景用。长荡湖水城有栽培。

雄球花

球果

黑松 *Pinus thunbergii* **Parlatore**

科属:松科 Pinaceae 松属 *Pinus*

特征简介:高大乔木。树冠宽圆锥状或伞形;一年生枝淡褐黄色,无毛;冬芽银白色,圆柱状椭圆形或圆柱形,顶端尖,芽鳞披针形或条状披针形,边缘白色丝状。针叶2针一束,深绿色,有光泽,粗硬,长6~12厘米,边缘有细锯齿,背腹面均有气孔线。雄球花淡红褐色,圆柱形,长1.5~2厘米,聚生于新枝下部;雌球花单生或2~3个聚生于新枝近顶端,直立,卵圆形,淡紫红色或淡褐红色。球果圆锥状卵圆形或卵圆形,长4~6厘米,径3~4厘米,有短梗,向下弯垂。

物种分布:原产于日本及朝鲜南部海岸地区,我国长江流域至东北多省均有引种栽培。长荡湖水城有栽培。

火炬松 *Pinus taeda* **L.**

科属:松科 Pinaceae 松属 *Pinus*

特征简介:高大乔木。小枝黄褐色或淡红褐色;冬芽褐色,矩圆状卵圆形或短圆柱形,顶端尖,无树脂。针叶3针一束,稀2针一束,长12~25厘米,径约1.5毫米,硬直,蓝绿色。球果卵状圆锥形或窄圆锥形,基部对称,长6~15厘米,无梗或几无梗,熟时暗红褐色;种鳞的鳞盾横脊显著隆起,鳞脐隆起延长成尖刺。

物种分布:原产于北美东南部,因该种较少遭受松毛虫伤害,我国长江以南多省均将其作为造林树种引种栽培,生长良好。长荡湖大涪山有少量栽培。

17

第四章 被子植物门

莼菜 *Brasenia schreberi* J. F. Gmel.

科属:莼菜科Cabombaceae 莼菜属*Brasenia*

特征简介:多年生水生草本。根状茎在节部生根,并生具叶枝条及其他匍匐枝。叶椭圆状矩圆形,长3.5~6厘米,宽5~10厘米,下面蓝绿色,两面无毛,从叶脉处皱缩;叶柄长25~40厘米。花直径1~2厘米,暗紫色;花梗长6~10厘米;萼片及花瓣条形,长1~1.5厘米。坚果卵形,有种子1~2颗。花期6月,果期10~11月。

物种分布:我国长江流域曾广泛分布,北半球亦分布广泛。近些年来野生资源濒临灭绝,仅部分地区有人工栽培供食用。长荡湖地区历史上有分布,现区域性灭绝。

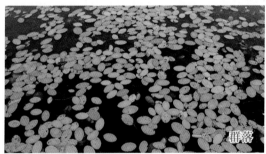
群落

叶片

水盾草 *Cabomba caroliniana* A. Gray

科属:莼菜科Cabombaceae 水盾草属*Cabomba*
别名:竹节水松

特征简介:多年生水生草本。茎长可达5米;叶2型,沉水叶具叶柄,对生,扇形,2叉分裂,裂片线形。浮水叶在花枝上互生,叶狭椭圆形,盾状着生。花生于叶腋,花瓣6片,白色或淡紫色,基部黄色。

物种分布:原产于美洲。1993年在我国浙江鄞县首次发现,1998年在太湖采到标本。近些年来,在我国上海、江苏、浙江等省的湖泊、河流中逐渐形成入侵。长荡湖1号码头附近有少量入侵。

叶片

花

芡实 *Euryale ferox* Salisb. ex DC

科属:睡莲科Nymphaeaceae　芡属*Euryale*

别名:鸡头米

特征简介:一年生大型水生草本。沉水叶箭形或椭圆肾形,两面无刺;浮水叶革质,盾状近圆形,直径10~130厘米,全缘,下面带紫色,两面在叶脉分枝处有锐刺;叶柄及花梗粗壮,长可达25厘米,皆有硬刺。花瓣披针形,长1.5~2厘米,紫红色,成数轮排列,向内渐变成雄蕊;无花柱,柱头红色,成凹入的柱头盘。浆果球形,直径3~5厘米,紫红色,外面密生硬刺;种子球形,直径10余毫米,黑色。

物种分布:产于我国南北各省,亚洲各国均有分布。长荡湖围网区有分布。

花期　果期

蕺菜 *Houttuynia cordata* Thunb.

科属:三白草科Saururaceae　蕺菜属*Houttuynia*

别名:鱼腥草

特征简介:腥臭草本。高30~60厘米;茎下部伏地,节上轮生小根,上部直立,有时带紫红色。叶薄纸质,有腺点,背面尤甚,卵形或阔卵形,长4~10厘米,宽2.5~6厘米,顶端短渐尖,基部心形,两面有时除叶脉被毛外其余均无毛,背面常呈紫红色;托叶膜质,下部与叶柄合生而生长8~20毫米的鞘,基部扩大,略抱茎。花序长约2厘米;总花梗长1.5~3厘米,无毛;总苞片长圆形或倒卵形,长10~15毫米;雄蕊长于子房,花丝长为花药的3倍。蒴果长2~3毫米,顶端有宿存的花柱。

物种分布:产于我国中部、东南至西南部各省区,亚洲东部和东南部广布。长荡湖大涪山有分布。

花期　果期

睡莲 *Nymphaea tetragona* Georgi

科属：睡莲科 Nymphaeaceae　睡莲属 *Nymphaea*

特征简介：多年水生草本。根状茎短粗。叶心状卵形或卵状椭圆形，长5~12厘米，宽3.5~9厘米，基部具深弯缺，约占叶片全长的1/3，全缘，上面光亮，下面带红色或紫色，两面皆无毛；叶柄长达60厘米。花直径3~5厘米；花瓣白色，长2~2.5厘米；雄蕊比花瓣短，花药条形；柱头具5~8条辐射线。
物种分布：我国广泛分布，北半球广布。长荡湖水城、水八卦、湿地植物园等地有栽培。

白睡莲 *Nymphaea alba* L.

科属：睡莲科 Nymphaeaceae　睡莲属 *Nymphaea*

特征简介：本种与睡莲都为白花，区别在于该种花萼披针形，于花期脱落或花后腐烂。而睡莲的花萼为宽披针形至宽卵形，宿存。
物种分布：长荡湖水街有栽培。

红睡莲 *Nymphaea alba* var. *rubra* Lonnr.

科属：睡莲科 Nymphaeaceae　睡莲属 *Nymphaea*

特征简介：本种为白睡莲变种，与白睡莲的区别为花粉红或玫瑰红色。
物种分布：长荡湖水城、水八卦等地有栽培。

黄睡莲 *Nymphaea mexicana* Zucc.

科属：睡莲科 Nymphaeaceae　睡莲属 *Nymphaea*

特征简介：本种根茎直立，块状；叶上面具暗褐色斑纹，下面具黑色小斑点；花黄色，径约10厘米。本种花黄色，易与其他种区分。
物种分布：长荡湖水城有栽培。

睡莲

白睡莲

红睡莲

黄睡莲

寻骨风 *Aristolochia mollissima* Hance

科属:马兜铃科Aristolochiaceae　马兜铃属*Aristolochia*
别名:绵毛马兜铃

特征简介:木质藤本。幼枝、叶柄及花密被灰白色长绵毛。叶卵形或卵状心形,长3.5~10厘米,先端钝圆或短尖,基部心形,弯缺深1~2厘米。花单生叶腋;花梗长1.5~3厘米,直立或近顶端下弯;花被筒中部膝状弯曲,檐部盘状,径2~2.5厘米,淡黄色,具紫色网纹,浅3裂,裂片平展,喉部近圆形,稍具紫色领状突起。

物种分布:产于我国秦岭以南的华东、华中各省。长荡湖大涪山附近湖堤有分布。

玉兰 *Yulania denudata* (Desrousseaux) D. L. Fu

科属:木兰科Magnoliaceae　玉兰属*Yulania*
别名:白玉兰、望春花

特征简介:高大落叶乔木。枝广展,树冠宽阔;冬芽及花梗密被淡灰黄色长绢毛。叶纸质,倒卵形,先端具短突尖;叶柄被柔毛,上面具狭纵沟;托叶痕为叶柄长的1/4~1/3。花大,先叶开放,直立;花被片9片,白色,基部常带粉红色;雄蕊长7~12毫米,花药长6~7毫米,侧向开裂;雌蕊群淡绿色,无毛,圆柱形。聚合果常因部分心皮不育而弯曲。

物种分布:我国东部省份山区均产,现全国广泛栽培。长荡湖水城有栽培。

紫玉兰 *Yulania liliiflora* (Desrousseaux) D. L. Fu

科属:木兰科 Magnoliaceae　玉兰属 *Yulania*

别名:辛夷

特征简介:落叶灌木。高3~5米,常丛生;小枝绿紫色或淡褐紫色。叶椭圆状倒卵形或倒卵形,长8~18厘米,宽3~10厘米,先端急尖或渐尖,基部渐狭沿叶柄下延至托叶痕,上面深绿色,下面灰绿色,沿脉有短柔毛;叶柄长8~20毫米,托叶痕约为叶柄长之半。花蕾卵圆形,被淡黄色绢毛;花瓶形,直立于粗壮、被毛的花梗上;花被片9~12片,外轮3片萼片状,紫绿色,常早落,内2轮肉质,外面紫红色,内面带白色;雄蕊紫红色,雌蕊淡紫色。蓇葖果近圆球形。

物种分布:产于我国福建、湖北、四川、云南西北部,各大城市栽培历史悠久。长荡湖水城有栽培。

花芽

花枝

二乔玉兰 *Yulania × soulangeana* (Soulange-Bodin) D. L. Fu

科属:木兰科 Magnoliaceae　玉兰属 *Yulania*

特征简介:小乔木。高6~10米,小枝无毛。叶纸质,倒卵形,先端短急尖,2/3以下渐狭成楔形,上面基部中脉常残留有毛,下面常少被柔毛,干时两面网脉突起。花蕾卵圆形,花先叶开放,浅红色至深红色,花被片6~9片,外轮3片花被片常较短,约为内轮长的2/3;雄蕊长1~1.2厘米,花药长约5毫米,药隔伸出成短尖,雌蕊群无毛,圆柱形,长约1.5厘米。聚合果长约8厘米,直径约3厘米。本种是玉兰与紫玉兰的杂交种,花与紫玉兰相似难于区分。但紫玉兰花为狭长的瓶状,与二乔玉兰花形相比更加开展。此外,该种树形比紫玉兰宽阔,小枝更加细密,且紫玉兰当年生小枝为紫褐色,也可据此区分两种。

物种分布:原产于我国,我国栽培范围广,也广泛分布于北美至南美的委内瑞拉东南部和亚洲的热带及温带地区。长荡湖常见栽培。

花期

枝叶

荷花玉兰 *Magnolia grandiflora* L.

科属:木兰科 Magnoliaceae 木兰属 *Magnolia*
别名:广玉兰、洋玉兰

特征简介:常绿乔木。小枝粗壮,具横隔的髓心;小枝、芽、叶下面、叶柄均密被褐色或灰褐色短绒毛。叶厚革质,椭圆形或倒卵状椭圆形,长10~20厘米,宽4~7(~10)厘米,先端钝或短钝尖,基部楔形,叶面深绿色,有光泽;无托叶痕,具深沟。花白色,有芳香,直径15~20厘米;花被片9~12片,厚肉质;雄蕊长约2厘米,花丝扁平,紫色;雌蕊群椭圆体形,密被长绒毛,花柱呈卷曲状。聚合果圆柱状长圆形或卵圆形,密被褐色或淡灰黄色绒毛。

物种分布:原产于北美洲东南部。我国长江流域以南各省市有栽培。长荡湖水城、水街等地均有栽培。

蜡梅 *Chimonanthus praecox* (L.) Link

科属:蜡梅科 Calycanthaceae 蜡梅属 *Chimonanthus*

特征简介:落叶小乔木或呈灌木状。鳞芽被短柔毛。叶纸质,卵圆形至椭圆形,先端尖或渐尖,稀尾尖。花被片黄色,无毛,内花被片较短,基部具爪;雄蕊5~7枚,花丝不短于花药,花药内弯,药隔顶端短尖;心皮7~14片,花柱较子房长3倍。果托坛状,近木质,口部缢缩。花期11月至翌年3月,果期4~11月。

物种分布:我国华北、华东至西南地区均有野生,全国各地均有栽培,日本、朝鲜和欧洲、美洲均有引种栽培。长荡湖水城等地有栽培。

樟 *Cinnamomum camphora* (L.) Presl

科属:樟科Lauraceae　樟属*Cinnamomum*

别名:香樟

特征简介:高大常绿乔木。树形开展优美;叶卵状椭圆形,长6~12厘米,先端骤尖,基部宽楔形或近圆形,边缘有时微波状,离基3出脉,侧脉及支脉脉腋具腺窝;叶柄长2~3厘米,无毛。圆锥花序具多花。花被无毛或被微柔毛,内面密被柔毛,花被片椭圆形;能育雄蕊长约2毫米,花丝被短柔毛,退化雄蕊箭头形,长约1毫米,被柔毛。果卵圆形或近球形,径6~8毫米,紫黑色;果托杯状,高约5毫米,顶端平截。

物种分布:产于我国南方及西南各省区,全国各地广泛栽培。长荡湖周边多作行道树栽培。

花枝

果枝

菖蒲 *Acorus calamus* L.

科属:菖蒲科Acoraceae　菖蒲属*Acorus*

特征简介:多年生草本。根茎横走,稍扁,分枝,径0.5~1厘米,黄褐色,芳香。叶基生,基部两侧膜质叶鞘宽4~5毫米,向上渐窄,脱落;叶片剑状线形,长0.9~1.5米,基部对折,中部以上渐窄,草质,绿色,光亮,两面中肋隆起。花序梗二棱形,叶状佛焰苞剑状线形,肉穗花序斜上或近直立,圆柱形。花黄绿色;浆果长圆形,成熟时红色。

物种分布:全世界广布。长荡湖近岸偶见。

植株

果穗

芋 *Colocasia esculenta* (L.) Schott

科属:天南星科 Araceae　芋属 *Colocasia*

特征简介:湿生草本。块茎通常卵形,常生多数小球茎,均富含淀粉。叶柄长于叶片,长20~90厘米,绿色,叶片卵状,长20~50厘米,先端短尖或短渐尖,侧脉4对,斜伸达叶缘。花序柄常单生,短于叶柄。佛焰苞长短不一,一般为20厘米左右,管部绿色,檐部披针形或椭圆形,展开呈舟状,边缘内卷,淡黄色至绿白色。肉穗花序长约10厘米,短于佛焰苞。

物种分布:原产于我国和印度、马来半岛等热带地区,我国南北部均长期栽培。长荡湖上黄渔业村有栽培。

半夏 *Pinellia ternata* (Thunb.) Breit.

科属:天南星科 Araceae　半夏属 *Pinellia*

特征简介:块茎圆球形,径1~2厘米。叶2~5片,幼叶卵状心形或戟形,全缘,长2~3厘米,老株叶3全裂,裂片绿色,长圆状椭圆形或披针形,中裂片长3~10厘米,侧裂片稍短,全缘或具不明显浅波状圆齿;叶柄长15~20厘米,基部具鞘,鞘内、鞘部以上或叶柄顶端有径3~5毫米的珠芽。花序梗长25~35厘米;佛焰苞绿或绿白色,管部窄圆柱形,绿色,有时边缘青紫色;雌肉穗花序长2厘米,雄花序长5~7毫米;附属器绿至青紫色,花柱宿存。

物种分布:分布于我国西部以外诸省,朝鲜、日本也有。长荡湖渔业村村庄附近有分布。

浮萍 *Lemna minor* L.

科属:天南星科Araceae　浮萍属*Lemna*

别名:青萍

特征简介:飘浮植物。叶状体对称,上面绿色,下面浅黄、绿白或紫色,近圆形、倒卵形或倒卵状椭圆形,全缘,长1.5~5毫米,宽2~3毫米,脉3条,下面垂生丝状根1条,长3~4厘米;叶状体下面一侧具囊,新叶状体于囊内形成浮出,以极短的柄与母体相连,后脱落。胚珠弯生。果近陀螺状。种子具12~15条纵肋。

物种分布:产于我国南北各省,生于水田、池沼或其他静水水域,全球温暖地区广布。长荡湖湖区常见,常与紫萍混生,形成密布水面的飘浮群落。

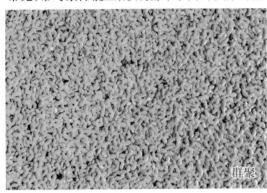
群聚

植株背面

紫萍 *Spirodela polyrhiza* (L.) Schleiden

科属:天南星科Araceae　紫萍属*Spirodela*

别名:紫背浮萍

特征简介:飘浮植物。叶状体扁平,阔倒卵形,长5~8毫米,宽4~6毫米,先端钝圆,表面绿色,背面紫色,具掌状脉5~11条,背面中央生5~11条根,根长3~5厘米,白绿色,根冠尖,脱落;根基附近的一侧囊内形成圆形新芽,萌发后,幼小叶状体渐从囊内浮出,由一细弱的柄与母体相连。

物种分布:产于我国南北各地,生于水田、水塘、湖湾、水沟,全球各温带及热带地区广布。长荡湖湖区常见,常与浮萍混生形成覆盖水面的飘浮植物群落。

群聚

植株背面

无根萍 *Wolffia globosa* (Roxburgh) Hartog & Plas

科属:天南星科Araceae　微萍属*Wolffia*
别名:芜萍

特征简介:世界上最小的种子植物。飘浮水面或悬浮,细小如沙;叶状体卵状半球形,单1或2代连在一起,直径0.5~1.5毫米,上面绿色,扁平,具多数气孔,背面明显突起,淡绿色,表皮细胞五至六边形;无叶脉及根。

物种分布:产于我国南北各省,全球各地均有分布。长荡湖净水湖汊有分布,夏季相对其他季节更为常见。

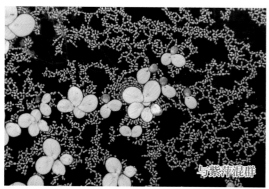
与紫萍混群

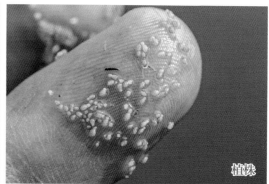
植株

大薸 *Pistia stratiotes* L.

科属:天南星科Araceae　大薸属*Pistia*
别名:水浮莲、水白菜

特征简介:飘浮植物。有长而悬垂的根多数,须根羽状,密集。叶簇生呈莲座状,叶片常因发育阶段不同而形异:倒三角形、倒卵形、扇形,以至倒卵状长楔形,长1.3~10厘米,宽1.5~6厘米,先端截头状或浑圆,基部厚,两面被毛,基部尤为浓密;叶脉扇状伸展,背面明显隆起呈折皱状。佛焰苞白色,长约0.5~1.2厘米,外被茸毛。

物种分布:全球热带及亚热带地区广布。长荡湖大湖区汛期偶见,应为随水流而来。

生长旺盛期

衰亡期

小慈姑 *Sagittaria potamogetonifolia* Merrill

科属:泽泻科 Alismataceae　　慈姑属 *Sagittaria*

特征简介:多年生沼生或水生草本。沉水叶披针形,挺水叶箭形,全长3.5~11厘米,顶裂片先端渐尖,主脉粗壮,侧脉不明显,侧裂片主脉偏于内侧,叶柄鞘状。花葶高19~36厘米,直立,挺水,通常高于叶。花序总状,花轮生,2~6轮。花单性;外轮花被片绿色,内轮花被片白色,近扁圆形;雌花1~2朵,心皮多数,离生;雄花多数,细弱,雄蕊多数,黄色。瘦果近倒卵形,两侧压扁,背翅波状;果喙自腹侧伸出,宿存。

物种分布:产于我国长江流域以南诸省。长荡湖地区为常见农田杂草,近些年来随着除草剂的大量使用已非常少见。

植株

雄花序

矮慈姑 *Sagittaria pygmaea* Miq.

科属:泽泻科 Alismataceae　　慈姑属 *Sagittaria*

特征简介:一年生沼生或沉水草本。匍匐茎细短,末端小球茎当年萌发形成新株。叶基生,带形,稀匙形,长2~30厘米,无叶片与叶柄之分,基部鞘状。花序总状,花2~3轮;花序梗长5~37厘米;苞片长椭圆形;花单性,最下1轮具雌花1~2朵,雄花2~8朵。萼片倒卵形,宿存;花瓣白色,近圆形。雄花具雄蕊6~21枚;雌花几无梗,心皮多数,离生。瘦果宽倒卵圆形,扁,背腹两面具薄翅,背翅具鸡冠状齿裂,喙侧生。

物种分布:我国温带至热带地区广布,亚洲其他国家也有。长荡湖地区为常见农田杂草,近些年来随着除草剂的大量使用已非常少见。

群聚

植株

野慈姑 *Sagittaria trifolia* **L.**

科属:泽泻科 Alismataceae　慈姑属 *Sagittaria*

特征简介:多年生水生或沼生草本。挺水叶箭形,叶片变异很大,通常顶裂片短于侧裂片;叶柄基部渐宽,鞘状,边缘膜质。花葶直立,挺水,通常粗壮。花序总状或圆锥状,具花多轮,每轮具2~3朵花;苞片3枚,基部多少合生,先端尖。花单性;花被片反折,外轮花被片椭圆形,内轮花被片白色或淡黄色,基部收缩,雌花通常1~3轮,心皮两侧压扁;雄花多轮,雄蕊多数,向里渐长。瘦果两侧压扁,倒卵形,具翅;果喙短。

物种分布:我国除西藏以外均有分布。长荡湖五七农场附近有分布。

植株

雌花序

果

伊乐藻 *Elodea canadensis* **Michx.**

科属:水鳖科 Hydrocharitaceae　伊乐藻属 *Elodea*

特征简介:多年生沉水植物。茎圆柱形,质较脆,多分枝。越靠近枝端节间越短,在枝端常呈簇生状,节处常呈褐色。叶轮生,披针形,上部叶片长于下部叶片;叶片在冬季稍向后弯曲,夏季平直或边缘波状,叶片边缘光滑或具微小的齿。花单性,雌雄异株;雄花细小,成熟后自佛焰苞内放出,漂浮于水面。该种与黑藻外形较接近,但该种叶片多数为叶轮生,叶片边缘无或具微小锯齿,叶片总体窄而短,且该种冬季不形成休眠芽。

物种分布:原分布于北美,因该种冬季生物量大,中科院地湖所1970年从日本引入雄性植株,以提高湖泊冬季初级生产力,现广泛种植于螃蟹养殖塘。长荡湖湖区常见。

夏季植株

冬季植株

黑藻 *Hydrilla verticillata* (L. f.) Royle

科属:水鳖科 Hydrocharitaceae   黑藻属 *Hydrilla*

特征简介:多年生沉水草本植物。茎纤细,圆柱形,具纵细棱,多分枝。具长卵圆形休眠芽,芽苞叶多数,螺旋状排列。叶3~8轮生,线形、长条形、披针形或长椭圆形,常具紫红或黑色斑点,具锯齿,无叶柄。花单性,雌雄同株或异株,单生叶腋;雄佛焰苞膜质,近球形,具1朵雄花;萼片3片,卵形或倒卵形;花瓣3片,匙形,反折,白或粉红色;雄蕊3枚,成熟后浮于水面开花。雌佛焰苞管状,花瓣与雄花相似,稍窄;子房下位。果圆柱形,有5~9处刺状突起。

物种分布:我国除西藏、新疆以外大部分省份均有分布,广布于欧亚大陆热带至温带地区。长荡湖静水水域常见。

群聚　　花　　冬芽

水鳖 *Hydrocharis dubia* (Bl.) Backer

科属:水鳖科 Hydrocharitaceae   水鳖属 *Hydrocharis*

特征简介:漂浮草本。具长须根,匍匐茎顶端生芽。叶簇生,多漂浮,有时伸出水面;叶心形或圆形,全缘,远轴面有蜂窝状贮气组织。雄花序腋生;佛焰苞2颗,膜质透明,具红紫色条纹,苞内具雄花5~6朵,每次1朵花开放萼片3片,离生,长椭圆形;花瓣3片,黄色,与萼片互生,近圆形。雌佛焰苞小,苞内具雌花1朵及花瓣3片,白色,基部黄色。果浆果状,球形或倒卵圆形。

物种分布:我国除新疆、西藏、青海以外大部分省份均有分布,大洋洲和亚洲其他地区也有。长荡湖湖区常见。

叶背面　　花

大茨藻 *Najas marina* L.

科属:水鳖科Hydrocharitaceae　茨藻属*Najas*

特征简介:一年生沉水草本。茎较粗壮,质脆,多汁,节间长1~10厘米,节部易断裂;分枝多,2叉状,常疏生锐尖粗刺,刺长1~2毫米。叶近对生或3叶轮生,叶线状披针形,稍上弯,具粗锯齿,下面沿中脉疏生长约2毫米的刺;无柄,叶鞘圆形,抱茎。花单性,雌雄异株,串生叶腋;雄花具瓶状佛焰苞,花被片1片;雌花无花被,雌蕊1枚,花柱短,柱头2~3裂。瘦果椭圆形或倒卵状椭圆形。

物种分布:我国除西藏以外均有分布,北半球广布。长荡湖湖区较常见。

植株

果枝

东方茨藻 *Najas chinensis* N. Z. Wang

科属:水鳖科Hydrocharitaceae　茨藻属*Najas*

特征简介:一年生沉水草本。植株纤细,易折断,下部匍匐,上部直立。茎圆柱形,光滑无齿,节间长0.5~3厘米;分枝多,呈2叉状。叶近对生或3叶假轮生,于枝端较密集,无柄;叶片线形至狭披针形,伸展或稍向下弯曲,先端有1~2枚具黄褐色刺细胞的细齿,边缘每侧有6~20枚细锯齿;叶鞘圆形,抱茎,长约2毫米,边缘每侧具数枚细锯齿,齿端均有1颗黄褐色刺细胞。花单性,单生;雄花椭圆形,浅黄绿色;雌花无佛焰苞和花被,椭圆形。瘦果灰白色至黑褐色,长椭圆形。本种过去在我国一直被定为多孔茨藻*Najas. foveolata* A. Br. ex Magnus,但其叶鞘圆形,外种皮细胞壁有明显突起等特征,均有别于多孔茨藻。

物种分布:我国除新疆、西藏以外诸省均有分布,日本、欧洲也有。长荡湖见于南部围网区。

俯视

侧视

小茨藻 *Najas minor* All.

科属：水鳖科Hydrocharitaceae　茨藻属*Najas*

特征简介：一年生沉水草本。植株纤细，下部匍匐，上部直立，节部易断裂。茎光滑，茎于枝端较密集，线形，具锯齿，上部渐窄向背面弯曲，先端具黄褐色刺尖；无柄；叶鞘上部倒心形，长约2毫米，叶耳近圆形，上部及外侧具细齿。花小，单性同株，单生叶腋。瘦果黄褐色，窄椭圆形。本种与东方茨藻水下形态非常接近，但该种叶鞘心形，叶片锯齿更明显，叶片边缘常强烈反曲，节间更长，可超过10厘米。东方茨藻叶鞘圆形，叶片锯齿突起很小，叶片稍微下弯，节间一般不超过5厘米。

物种分布：我国除西藏以外各省均有分布，北半球广布。长荡湖湖区偶见。

水下形态　植株

龙舌草 *Ottelia alismoides* (L.) Pers.

科属：水鳖科Hydrocharitaceae　水车前属*Ottelia*
别名：水车前

特征简介：沉水草本。具须根，根状茎短。叶基生，膜质；幼叶线形或披针形，成熟叶宽卵形、卵状椭圆形、近圆形或心形，长约20厘米，全缘或有细齿；叶柄长短随水体深浅而异，通常长2~40厘米，无鞘。花2性，偶单性；佛焰苞椭圆形或卵形，具1朵花；总花梗长40~50厘米。花无梗，单生；花瓣白、淡紫或浅蓝色。果圆锥形，长2~5厘米。种子多数，纺锤形。

物种分布：我国除西藏、新疆、青海以外诸省皆有分布，非洲东北部、亚洲东部至澳洲热带地区均产。长荡湖历史上有分布，但近二十年未见。

花　果期

苦草 *Vallisneria natans* (Lour.) Hara

科属:水鳖科 Hydrocharitaceae　苦草属 *Vallisneria*

特征简介:沉水草本。具匍匐茎,径约2毫米,白色。叶基生,线形或带形,长20~200厘米,宽0.5~2厘米,绿色或略带紫红色,先端圆钝,边缘全缘或具不明显细锯齿,无叶柄,叶脉5~9条。花单性,雌雄异株;雄佛焰苞卵状圆锥形,每个佛焰苞内含雄花200余朵或更多,成熟的雄花浮于水面开放;雌佛焰苞筒状,先端2裂,绿色或暗紫红色,长1.5~2厘米,梗纤细,长度随水深而改变,受精后呈螺旋状卷曲。果实圆柱形,种子倒长卵形。

物种分布:我国除新疆、西藏、青海以外诸省均有分布,亚洲和大洋洲也有分布。长荡湖围网养殖区常有人工栽培,围网间亦有野生分布。

水下森林

雌花(受精后)

刺苦草 *Vallisneria spinulosa* Yan

科属:水鳖科 Hydrocharitaceae　苦草属 *Vallisneria*

特征简介:沉水草本。无直立茎,匍匐茎上有小棘刺,有越冬块茎。叶基生,线形,先端钝或稍尖,边缘有锯齿;中脉明显,脉上排1行小刺。花单性,雌雄异株;雄佛焰苞圆锥形,内含雄花300~800朵;雌佛焰苞扁筒形,苞内含雌花1朵;佛焰苞梗纤长,受精后卷曲。果实三棱状圆柱形,棱上有刺。种子多数,倒卵形。本种和苦草形态接近,且分布区常重叠。两者区别在于本种有越冬块茎,且本种叶片边缘锯齿明显,用手抚摸有明显粗糙感。此外,笔者通过对野外同域分布的2个种的观察发现,相同生境条件下,苦草植株可能比刺苦草更加高大,叶片更长,颜色也更显嫩绿。

物种分布:原产于我国长江中下游诸省。长荡湖近岸偶见野生分布。

块茎及叶缘细刺

果期

菹草 *Potamogeton crispus* L.

科属：眼子菜科Potamogetonaceae　眼子菜属*Potamogeton*

特征简介：多年生沉水草本。茎稍扁，多分枝。叶条形，无柄，叶缘多少呈浅波状，具疏或稍密的细锯齿；休眠芽腋生，略似松果，长1~3厘米，革质叶左右2列密生，基部扩张，肥厚，坚硬，边缘具细锯齿。穗状花序顶生，具花2~4轮；花序梗棒状，较茎细；花小，被片4片，淡绿色，雌蕊4枚，基部合生。果实卵形。该种秋季萌发，冬季生长停滞，次年春季生长迅猛，后快速凋亡，并以休眠芽形式越夏。

物种分布：全球广布，是全世界常见的沉水植物。长荡湖湖区及沟渠常见。

花枝

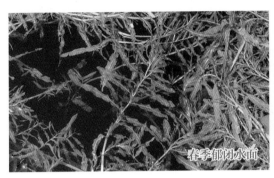
春季郁闭水面

冬季水下森林

眼子菜 *Potamogeton distinctus* A. Bennett

科属：眼子菜科Potamogetonaceae　眼子菜属*Potamogeton*

特征简介：多年生水生草本。根茎发达，白色，多分枝，常于顶端形成纺锤状休眠芽体，并在节处生有稍密的须根。浮水叶革质，宽披针形，先端尖或钝圆，基部钝圆或有时近楔形，具5~20厘米长的柄；沉水叶草质，狭披针形，具柄，常早落；托叶膜质，呈鞘状抱茎。穗状花序顶生，具花多轮，开花时伸出水面，花后沉没水中；花小，被片4片，绿色。果实宽倒卵形，背部具明显3脊，中脊锐，于果实上部明显隆起，侧脊稍钝。

物种分布：我国南北大多数省区均有分布，苏联、朝鲜、日本也有。本种为常见的稻田杂草，随着除草剂的大量使用，长荡湖地区近二十年未见分布。

叶片

花期

果期

光叶眼子菜 *Potamogeton lucens* L.

科属:眼子菜科Potamogetonaceae 眼子菜属*Potamogeton*

特征简介:多年生沉水草本。具根茎,茎圆柱形,上部多分枝。叶长椭圆形、卵状椭圆形至披针状椭圆形,无柄或具短柄,有时柄长可达2厘米;叶质薄,先端尖锐,常具0.5~2厘米长的芒状尖头,基部楔形,边缘浅波状,疏生细微锯齿;中脉粗大而显著,侧脉细弱;托叶大而显著,与叶片离生,常宿存。穗状花序顶生,具花多轮,密集;花序梗明显膨大呈棒状;花小,被片4片,绿色;雌蕊4枚,离生。果实卵形,背部具3脊,中脊稍锐,侧脊不明显。

物种分布:我国大部分省份均有分布,北半球广布。长荡湖湖区偶见。

微齿眼子菜 *Potamogeton maackianus* A. Bennett

科属:眼子菜科Potamogetonaceae 眼子菜属*Potamogeton*
别名:黄丝草

特征简介:多年生沉水植物。无根茎,茎细长,圆柱形或近圆柱形,具分枝,近基部常匍匐。叶线形,先端钝圆,基部与托叶贴生成短鞘,疏生微齿;无柄,基部与托叶合生成叶鞘,抱茎。穗状花序顶生,花2~3轮;花小,花被片4片,淡绿色,雌蕊4枚,稀少于4枚,离生。果斜倒卵圆形或倒卵圆形,背部具3脊,中脊窄翅状,钝圆,侧脊稍钝。

物种分布:我国除青海、西藏、新疆以外各省均有分布,俄罗斯、日本、朝鲜也有。长荡湖湖区常见,多分布于底质较硬的湖区。

植株

水下森林

花

竹叶眼子菜 *Potamogeton wrightii* Morong

科属:眼子菜科Potamogetonaceae　眼子菜属*Potamogeton*
别名:马来眼子菜

特征简介:多年生沉水植物。根茎发达,白色,节处生有须根。茎圆柱形,不分枝或具少数分枝。叶条形或条状披针形,具长柄,先端钝圆而具小凸尖,基部钝圆或楔形,边缘浅波状,有细微锯齿;中脉显著;托叶大而明显,与叶片离生,鞘状抱茎。穗状花序顶生,具花多轮,密集或稍密集;花小,被片4片,绿色;雌蕊4枚,离生。果实倒卵形,背部具明显3脊。
物种分布:我国南北各省皆产,亚洲广布。长荡湖敞水区常见。

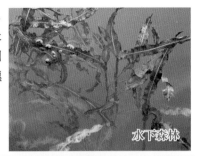
水下森林

花序

果期

蓖齿眼子菜 *Stuckenia pectinata* (L.) Borner

科属:眼子菜科Potamogetonaceae　眼子菜属*Potamogeton*

特征简介:多年生沉水草本。根茎发达,白色,具分枝,常于春末夏初至秋季之间在根茎及其分枝的顶端形成长0.7~1厘米的小块茎状卵形休眠芽体。茎长近圆柱形,纤细。叶线形,长2~10厘米,宽0.3~1毫米,先端渐尖或急尖,基部与托叶贴生成鞘;鞘长1~4厘米,绿色,边缘叠压而抱茎,顶端具膜质小舌片;叶脉3片。穗状花序顶生,具花4~7轮,间断排列;花序梗细长,与茎近等粗;花被片4片,雌蕊4枚。果实倒卵形,背部钝圆。
物种分布:我国各省均有分布,全球广布。长荡湖静水水域常见。

花序

水下森林

植株

山萆薢 *Dioscorea tokoro* **Makino**

科属:薯蓣科Dioscoreaceae　薯蓣属*Dioscorea*

特征简介:缠绕草质藤本。根状茎横生,近圆柱形,有不规则分枝。茎光滑,有纵沟。单叶互生;茎下部的叶深心形,中部以上渐成三角状浅心形,顶端渐尖或尾状,全缘。叶腋内常有珠芽,即零余子。花单性,雌雄异株。雄花序为总状或圆锥花序,通常2~4朵着生于基部的花集成伞状;花被片6片,基部结合成管,顶端6裂,裂片长圆形;雄蕊6枚;雌花序为穗状或圆锥花序,单生。蒴果长大于宽,顶端微凹。

物种分布:我国长江以南各省均有分布。长荡湖地区大涪山山坡有分布。

零余子

果期

小果菝葜 *Smilax davidiana* **A. DC.**

科属:菝葜科Smilacaceae　菝葜属*Smilax*

特征简介:攀援灌木。具粗短的根状茎,茎具疏刺。叶坚纸质,干后红褐色,通常椭圆形,先端微凸或短渐尖,基部楔形或圆形,下面淡绿色;叶柄较短,一般长5~7毫米,约占全长的1/2~2/3,具鞘,有细卷须,脱落点位于近卷须上方;鞘耳状,明显比叶柄宽。伞形花序生于叶尚幼嫩的小枝上,具几朵至10余朵花,多呈半球形;花绿黄色;雄花花药比花丝宽2~3倍;雌花比雄花小,具3枚退化雄蕊。浆果直径5~7毫米,熟时暗红色。

物种分布:分布于我国华东至华南地区,中南半岛也有。长荡湖大涪山山坡有分布。

枝条

果期

老鸦瓣 *Tulipa edulis* (Miq.) Baker

科属:百合科 Liliaceae   郁金香属 *Tulipa*

特征简介: 鳞茎皮纸质,内面密被长柔毛。茎长 10~25 厘米,不分枝,无毛。叶 2 枚,长条形,远比花长。花单朵顶生,靠近花的基部具苞片,狭条形;花被片狭椭圆状披针形,白色,背面有紫红色纵条纹;雄蕊 3 长 3 短,花丝无毛,中部稍扩大,向两端逐渐变窄或从基部向上逐渐变窄;子房长椭圆形。蒴果近球形,有长喙。

物种分布: 我国东北、华东、华中皆有分布,朝鲜、日本也有。长荡湖湖堤田埂等地常见。

花　　果实

路易斯安娜鸢尾 *Iris hybrids* ' *Louisiana* '

科属:鸢尾科 Iridaceae   鸢尾属 *Iris*

特征简介: 杂交种。原种有蓝、白、红、黄 4 个色源,使得杂交后的路易斯安娜鸢尾的色彩十分丰富绚丽。叶宽条形,长 50~80 厘米,宽 1~1.8 厘米,无明显中脉。花茎高约 1 米,蝎尾状聚伞花序,着花 4~6 朵,单花寿命 2~3 天;旗瓣(内瓣)3 枚,垂瓣(外瓣)3 枚,雌蕊瓣化;果实具 6 条棱。

物种分布: 我国华东、华南各公园湿地广泛栽培。长荡湖水八卦、湿地植物园有栽培。

花序　　果实

蝴蝶花 *Iris japonica* Thunb.

科属:鸢尾科Iridaceae　鸢尾属*Iris*

特征简介:多年生草本。叶基生,暗绿色,有光泽,近地面处带红紫色,剑形,无明显中脉。花茎直立,高于叶片,顶生稀疏总状聚伞花序,分枝5~12个,与苞片等长或略超出;苞片叶状,3~5枚,包含2~4朵花,花淡蓝色或蓝紫色;花梗伸出苞片之外;花被管明显,外花被裂片倒卵形或椭圆形,中脉上有隆起的黄色鸡冠状附属物,内花被裂片椭圆形或狭倒卵形,爪部楔形,花盛开时向外展开;花药长椭圆形,白色;花柱顶端裂片缝状丝裂。蒴果椭圆状柱形。

物种分布:我国大部分省份均有分布,栽培亦非常广泛。长荡湖大涪山有人工栽培。

群聚

花序

黄菖蒲 *Iris pseudacorus* L.

科属:鸢尾科Iridaceae　鸢尾属*Iris*

特征简介:根状茎粗壮,径达2.5厘米。基生叶灰绿色,宽剑形,中脉明显。花茎粗壮,上部分枝;苞片3~4枚,膜质,绿色,披针形。花黄色,径10~11厘米;花被筒长约1.5厘米;外花被裂片卵圆形或倒卵形,无附属物,中部有黑褐色花纹,内花被裂片倒披针形;花药黑紫色,花柱分枝淡黄色,顶端裂片半圆形。

物种分布:原产于欧洲,我国各地常见栽培。长荡湖水城有栽培。

群聚

花序

鸢尾 *Iris tectorum* Maxim.

科属:鸢尾科Iridaceae　鸢尾属*Iris*
别名:蝴蝶兰

特征简介:多年生草本。植株基部围有老叶残留的膜质叶鞘及纤维。根状茎粗壮,2歧分枝。叶基生,黄绿色,稍弯曲,中部略宽,宽剑形。花茎光滑,中、下部有1~2枚茎生叶;苞片2~3枚,绿色,草质,边缘膜质,内包含1~2朵花;花蓝紫色,花梗甚短;花被管细长,上端膨大成喇叭形,外花被裂片圆形或宽卵形,中脉上有不规则的鸡冠状附属物,成不整齐的缲状裂,内花被裂片椭圆形;花药鲜黄色,花柱淡蓝色。蒴果长椭圆形或倒卵形。

物种分布:我国大部分省份均有分布,栽培亦非常广泛。长荡湖水城、水八卦等地均有栽培。

群聚

花序

萱草 *Hemerocallis fulva* (L.) L.

科属:阿福花科Asphodelaceae　萱草属*Hemerocallis*

特征简介:多年生草本。根近肉质,中下部常呈纺锤状。叶条形,长40~80厘米,宽1.3~3.5厘米。花葶粗壮;圆锥花序具6~12朵花或更多,苞片卵状披针形。花橘红或橘黄色,无香味;花梗短。外轮花被裂片长圆状披针形,具平行脉,内轮裂片长圆形,下部有A形彩斑,边缘波状皱褶,盛开时裂片反曲;雄蕊伸出,上弯,比花被裂片短;花柱伸出,上弯,比雄蕊长。蒴果长圆形。该种似黄花菜,但含秋水仙碱,食用不当或过量均可能导致中毒。

物种分布:我国秦岭以南各省均有野生,全国各地均有栽培。长荡湖大涪山普门寺有栽培。

花序

金娃娃萱草 *Hemerocallis* 'Golden Doll'

科属:阿福花科 Asphodelaceae 萱草属 *Hemerocallis*

特征简介:根近肉质,中下部有纺锤状膨大;叶基生,条形,排成2列,主脉明显,基部交互裹抱。花冠漏斗形,先端6裂,钟状,下部管状。无香味,橘红色至橘黄色,花被管较粗短,长2~3厘米;内花被裂片宽2~3厘米。

物种分布:原产于美国,20世纪经中国科学院引进北京,现全国各地广泛栽培。长荡湖水城等地有栽培。

薤头 *Allium chinense* G. Don

科属:石蒜科 Amaryllidaceae 葱属 *Allium*

特征简介:鳞茎数枚聚生,狭卵状;鳞茎外皮白色或带红色,膜质,不破裂。叶2~5枚,具3~5棱,圆柱状,中空,近与花葶等长。花葶侧生,圆柱状,高20~40厘米,下部被叶鞘;伞形花序近半球状,较松散;小花梗近等长,基部具小苞片;花淡紫色至暗紫色;花被片宽椭圆形至近圆形,顶端钝圆;子房倒卵球状,腹缝线基部具有帘的凹陷蜜穴;花柱伸出花被外。

物种分布:原产于我国,在我国长江流域及其以南各省区广泛栽培或野生,亚洲其他国家和美国也有栽培。长荡湖湖堤常见。

长筒石蒜 *Lycoris longituba* Y. Xu et G. J. Fan

科属:石蒜科 Amaryllidaceae 石蒜属 *Lycoris*

特征简介:鳞茎卵球形,直径约4厘米。早春出叶,叶披针形,长约38厘米,宽1.5~2.5厘米,顶端渐狭,圆头,绿色,中间淡色带明显。花茎高60~80厘米;伞形花序有花5~7朵,花白色,直径约5厘米;花被裂片腹面稍有淡红色条纹,长椭圆形,长6~8厘米,宽约1.5厘米,顶端稍反卷,边缘不皱缩,花被筒长4~6厘米;雄蕊略短于花被;花柱伸出花被外。花期7~8月。

物种分布:产于我国江苏,野生于山坡。长荡湖大涪山有分布。

鳞茎　　　　花　　　　果实

石蒜 *Lycoris radiata* (L'Her.) Herb.

科属:石蒜科 Amaryllidaceae 石蒜属 *Lycoris*

特征简介:鳞茎近球形,直径1~3厘米。秋季出叶,叶狭带状,长约15厘米,宽约0.5厘米,顶端钝,深绿色,中间有粉绿色带。花茎高约30厘米;总苞片2枚,披针形;伞形花序有花4~7朵,花鲜红色;花被裂片狭倒披针形,强度皱缩和反卷,花被筒绿色;雄蕊显著伸出花被外,比花被长1倍左右。

物种分布:我国大部分省份均有分布,近些年栽培渐广泛。长荡湖附近村庄田野偶见。

花

叶　　　　果实

葱莲 *Zephyranthes candida* (Lindl.) Herb.

科属：石蒜科 Amaryllidaceae 葱莲属 *Zephyranthes*

特征简介：多年生草本。鳞茎卵形，具明显颈部。叶狭线形，肥厚，亮绿色，长20~30厘米，宽2~4毫米。花茎中空；花单生于花茎顶端，下有带褐红色的佛焰苞状总苞，总苞片顶端2裂；花白色，外面常带淡红色；几无花被管，花被片6片，长3~5厘米，顶端钝或具短尖头，宽约1厘米，近喉部常有很小的鳞片；雄蕊6枚，长约为花被的1/2；花柱细长，柱头具不明显3裂。蒴果近球形。

物种分布：原产于南美，我国栽培广泛。长荡湖水城等地有栽培。

花丛

花

绵枣儿 *Barnardia japonica* (Thunb.) Schult. & Schult. f.

科属：天门冬科 Asparagaceae 绵枣儿属 *Barnardia*

特征简介：鳞茎卵形或近球形，基生叶通常2~5枚，狭带状，柔软。花葶通常比叶长；总状花序长2~20厘米，具多数花；花紫红色、粉红色至白色；花被片近椭圆形、倒卵形或狭椭圆形，基部稍合生而成盘状，先端钝且增厚；雄蕊生于花被片基部，稍短于花被片；花丝近披针形，边缘和背面常具小乳突，基部稍合生；花柱长约为子房的1/2~2/3。果近倒卵形。

物种分布：我国西藏、新疆、青海均有分布，日本、朝鲜、俄罗斯也有。长荡湖大涪山有分布。

植株

果实

鳞茎

阔叶山麦冬 *Liriope muscari* (Decaisne) L. H. Bailey

科属:天门冬科Asparagaceae　山麦冬属*Liriope*

特征简介:根细长,分枝多,有时局部膨大成纺锤形小块根,肉质。叶密集成丛,革质,先端急尖或钝,基部渐狭,边缘几不粗糙。花葶通常长于叶;总状花序具许多花;花4~8朵簇生于苞片腋内;苞片小,近刚毛状;小苞片卵形,干膜质;花紫色或红紫色;花药近矩圆状披针形;子房近球形,柱头3齿裂。种子球形,成熟时黑紫色。

物种分布:我国大部分省份均有分布,现园林栽培广泛。长荡湖水城有栽培。

花

群聚

禾叶山麦冬 *Liriope graminifolia* (L.) Baker

科属:天门冬科Asparagaceae　山麦冬属*Liriope*

特征简介:根细或稍粗,分枝多,有时有纺锤形小块根;根状茎短或稍长,具地下走茎。叶长20~60厘米,先端钝或渐尖。花葶通常稍短于叶,总状花序;花通常3~5朵簇生于苞片腋内;苞片卵形,干膜质;花梗长约4毫米,关节位于近顶端;花辐射对称,花被片狭矩圆形或矩圆形,白色或淡紫色。种子卵圆形或近球形,成熟时蓝黑色。本种易与麦冬或沿阶草混淆,二者区别在于本种花辐射对称,完全开放,花梗直立不下垂,叶片比沿阶草和麦冬更加细长,花葶也更高。

物种分布:我国华北、华东、华中、华南及西南诸省皆有分布。长荡湖大涪山有野生分布。

植株

花

麦冬 *Ophiopogon japonicus* (L. f.) Ker-Gawl.

科属: 天门冬科 Asparagaceae　沿阶草属 *Ophiopogon*

特征简介: 根较粗,中间或近末端常膨大成椭圆形或纺锤形小块根,淡褐黄色。叶基生成丛,禾叶状,长10~50厘米,少数更长些,叶脉边缘具细锯齿。花葶通常比叶短得多,总状花序具几朵至十几朵花;花单生或成对着生于苞片腋内;花梗稍下垂,关节位于中部以上或近中部;花被片常稍下垂而不展开,披针形,白色或淡紫色;花药三角状披针形,花柱基部宽阔,一般稍粗而短,略呈圆锥形。种子球形。

物种分布: 我国华北及其以南大部分省份均有分布,园艺栽培亦非常广泛。长荡湖周边栽培较多。

沿阶草 *Ophiopogon bodinieri* Levl.

科属: 天门冬科 Asparagaceae　沿阶草属 *Ophiopogon*

特征简介: 根纤细,近末端处有时具膨大成纺锤形的小块根;地下走茎长,节上具膜质的鞘。叶基生成丛,禾叶状,先端渐尖,边缘具细锯齿。花葶较叶稍短或几等长,总状花序具几朵至十几朵花;花常单生或2朵簇生于苞片腋内;苞片条形或披针形,少数呈针形,稍带黄色,半透明,花梗关节位于中部;花被片卵状披针形,内轮3片宽于外轮3片,白色或稍带紫色。种子近球形或椭圆形。本种与麦冬易混淆,园林上将两种通称为沿阶草,中药上将两种的块茎通称为麦冬。可据以下特点区分二者:沿阶草花葶几与叶等长,麦冬花葶常不及叶片一半;沿阶草大部分花完全开放,麦冬大部分花闭合;麦冬花柱基部粗,锥形。

物种分布: 分布于我国秦岭及其以南各省,西藏、台湾也有。长荡湖水城有栽培。

棕榈 *Trachycarpus fortunei* (Hook.) H. Wendl.

科属:棕榈科Palmae 棕榈属*Trachycarpus*

植株

特征简介:乔木状,树干圆柱形,被不易脱落的老叶柄基部和密集的网状纤维。叶片近圆形,深裂成30~50片具皱折的线状剑形;叶柄两侧具细圆齿,顶端有明显的戟突。花序粗壮,多次分枝,从叶腋抽出,雌雄异株。雄花无梗,每2~3朵密集着生于小穗轴上,黄绿色、卵球形;雌花淡绿色,通常2~3朵聚生;花无梗,球形。果实阔肾形,有脐,成熟时由黄色变为淡蓝色,有白粉,柱头残留在侧面附近。

物种分布:分布于我国长江以南各省区,栽培广泛。长荡湖水城等地均有栽培。

雄花

果期

饭包草 *Commelina bengalensis* L.

科属:鸭跖草科Commelinaceae 鸭跖草属*Commelina*

特征简介:多年生草本。茎大部分匍匐,节上生根,上部及分枝上部上升,被疏柔毛。叶有明显的叶柄;叶片卵形,顶端钝或急尖,近无毛;叶鞘口沿有疏而长的睫毛。总苞片漏斗状,与叶对生,被疏毛,柄极短;花序下面一枝具细长梗,具1~3朵不孕花,伸出佛焰苞,上面一枝有花数朵,结实,不伸出佛焰苞;萼片膜质,披针形;花瓣蓝色,圆形,内面2枚具长爪。蒴果椭圆状。

物种分布:我国黄河以南大部分省份均有分布,亚洲、非洲的热带、亚热带广布。长荡湖沿岸堤坝、路旁常见。

群聚

花

鸭跖草 *Commelina communis* L.

科属:跖草科 Commelinaceae　鸭跖草属 *Commelina*

特征简介:一年生草本。茎匍匐生根,多分枝,下部无毛,上部被短毛。叶披针形至卵状披针形,长3~9厘米,宽1.5~2厘米。总苞片佛焰苞状,有1.5~4厘米的柄,与叶对生,折叠状,展开后为心形,边缘常有硬毛;聚伞花序,下面一枝仅有1朵不孕花;上面一枝具3~4朵可孕花,具短梗,几乎不伸出佛焰苞;花瓣深蓝色,内面2枚具爪,长近1厘米。蒴果椭圆形。

物种分布:产于我国云南、四川、甘肃以东的南北各省区,越南、朝鲜、日本、俄罗斯远东地区以及北美也有分布。长荡湖堤坝、路旁常见。

 花序
 果期

牛轭草 *Murdannia loriformis* (Hassk.) R. S. Rao et Kammathy

科属:鸭跖草科 Commelinaceae　水竹叶属 *Murdannia*

特征简介:多年生草本。主茎不发育,有莲座状叶丛,多条可育茎生于叶丛中,披散或上升。可育茎的叶较短,叶鞘沿口部,侧有硬睫毛。蝎尾状聚伞花序单个顶生或2~3个集成圆锥花序;聚伞花序总梗长达2.5厘米,有数花,集成头状;苞片早落;萼片草质,卵状椭圆形,浅舟状;花瓣紫红或蓝色,倒卵圆形;不育雄蕊3枚,3裂,能育雄蕊2枚。蒴果卵圆状三棱形。

物种分布:我国长江流域以南及西藏均有分布,亚洲热带区域广布。长荡湖附近水田及浅水沟渠有分布。

 花
 果期

水竹叶 *Murdannia triquetra* (Wall. ex C. B. Clarke) Bruckn.

科属:鸭跖草科Commelinaceae　水竹叶属*Murdannia*

特征简介:多年生草本。根状茎长而横走,具叶鞘。茎肉质,下部匍匐,节生根,多分枝。叶无柄;叶片下部有睫毛,叶片和叶鞘合缝处有1列毛,叶片竹叶形,平展或稍折叠。花序具单花,顶生兼腋生。萼片绿色,窄长圆形,浅舟状,果期宿存;花瓣粉红、紫红或蓝紫色,倒卵圆形,稍长于萼片;不育雄蕊3枚,顶端戟状,可育雄蕊2枚,花丝密生长须毛。蒴果卵圆状三棱形。

物种分布:广布于我国秦岭以南各省,中南半岛及印度也有。长荡湖地区为水田常见杂草。

花　叶片

紫竹梅 *Tradescantia pallida* (Rose) D. R. Hunt

科属:鸭跖草科Commelinaceae　紫露草属*Tradescantia*
别名:紫鸭跖草、紫竹兰、紫锦草

特征简介:多年生草本。全株全年呈紫红色,茎多分枝,带肉质,枝或蔓或垂。叶互生,披针形,基部抱茎而成鞘,鞘口有白色长睫毛。花密生在二叉状的花序柄上,下具线状披针形苞片;萼片3片,绿色,卵圆形,宿存;花瓣3片,蓝紫色,广卵形;雄蕊6枚,2枚发育,3枚退化,另有1枚花丝短而纤细,无花药;雌蕊1枚,柱头头状。蒴果椭圆形。

物种分布:原产于北美,我国各地广泛栽培。长荡湖水城有栽培。

花序　植株

凤眼蓝 *Eichhornia crassipes* (Mart.) Solme

科属:雨久花科Pontederiaceae　凤眼蓝属*Eichhornia*
别名:凤眼莲、水葫芦

特征简介:漂浮植物。须根发达,茎极短,具长匍匐枝。叶基生,莲座状排列,圆形、宽卵形或宽菱形;叶柄中部膨大成囊状或纺锤形。花葶从叶柄基部的鞘状苞片腋内伸出,具棱;穗状花序常具9~12朵花。花被片基部合生成筒,裂片6片,花瓣状,紫蓝色,花冠近两侧对称,上方1片裂片较大,四周淡紫红色,中间蓝色的中央有1个黄色圆斑;雄蕊6枚,3长3短,子房上位,中轴胎座。蒴果卵圆形。

物种分布:原产于巴西,现广布于我国长江、黄河流域及华南各省。长荡湖周边常见栽培,湖区多逸生。

雨久花 *Monochoria korsakowii* Regel et Maack

科属:雨久花科Pontederiaceae　雨久花属*Monochoria*

特征简介:直立水生草本。全株无毛,根状茎粗壮,具柔软须根。茎直立,基部有时带紫红色。基生叶宽卵状心形,叶柄长达30厘米,有时膨大成囊状;茎生叶叶柄渐短,基部增大成鞘,抱茎。总状花序顶生,有时再聚成圆锥花序,有10余朵花;花被片椭圆形,蓝色;雄蕊6枚,其中1枚较大,花药长圆形,淡蓝色,其余各枚较小,花药黄色。蒴果长卵圆形。

物种分布:我国东北、华东、华中、华南地区皆有分布。长荡湖近岸湖汊或沟渠近岸有分布。

鸭舌草 *Monochoria vaginalis* (Burm. F.) Presl ex Kunth

科属：雨久花科 Pontederiaceae　雨久花属 *Monochoria*

特征简介：直立水生草本。全株无毛，根状茎极短，具柔软须根。茎直立或斜上。叶基生和茎生，心状宽卵形、长卵形或披针形，全缘，具弧状脉；叶柄基部扩大成开裂的鞘，顶端有舌状体。总状花序从叶柄中部抽出，叶柄扩大成鞘状；花序梗基部有1枚披针形苞片。通常有花3~5朵，蓝色；花被片卵状披针形或长圆形；雄蕊6枚，其中1枚较大。蒴果卵圆形或长圆形。本种与雨久花外形接近，但雨久花花序顶生，鸭舌草花序从叶柄中部抽出，区别明显。

物种分布：产于我国南北各省，亚洲其他地区也有。长荡湖地区为常见农田杂草。

植株

花序

梭鱼草 *Pontederia cordata* L.

科属：雨久花科 Pontederiaceae　梭鱼草属 *Pontederia*

特征简介：多年生挺水或湿生草本。地下茎粗壮，黄褐色，有芽眼，地茎叶丛生；叶柄绿色，圆筒形，横切断面具膜质物。叶片光滑，呈橄榄色，倒卵状披针形；叶基生广心形，端部渐尖。穗状花序顶生，长5~20厘米，小花密集在200朵以上，蓝紫色带黄斑点，花被裂片6枚，近圆形，裂片基部连接为筒状。果实成熟后呈褐色，果皮坚硬。白花梭鱼草 *Pontederia cordata* L. var. alba Raf 为梭鱼草变种，区别在于花白色。

物种分布：美洲热带和温带地区均有分布，我国多省引种栽培。长荡湖水城、水八卦、湿地植物园等地有栽培。

梭鱼草

白花梭鱼草

芭蕉 *Musa basjoo* Sieb. et Zucc.

科属:芭蕉科Musaceae 芭蕉属*Musa*

特征简介:植株高2.5~4米;根茎伸长,达1米以上。叶长圆形,长2~3米,宽25~30厘米,先端钝,基部圆或不对称,上面鲜绿色,有光泽,叶鞘上部及叶下面无蜡粉或微被蜡粉;叶柄粗壮,长达30厘米;花序顶生,下垂;苞片红褐或紫色;雄花生于花序上部,雌花生于花序下部;浆果棱状长圆形,具3~5棱,近无柄,肉质,内具多数种子;种子黑色,具疣突及不规则棱角。

物种分布:我国台湾可能有野生,秦岭淮河以南广泛栽培。长荡湖水城有栽培。

植株

花果

大花美人蕉 *Canna* × *generalis* L. H. Bailey & E. Z. Bailey

科属:美人蕉科Cannaceae 美人蕉属*Canna*

特征简介:植株高约1.5米,茎、叶和花序均被白粉。叶片椭圆形,长达40厘米,宽达20厘米,叶缘、叶鞘紫色。总状花序顶生;花大,密集,每1枚苞片内有花1~2朵;萼片披针形,花冠裂片宽卵形;外轮退化雄蕊3枚,倒卵状匙形,颜色红、橘红、淡黄、白色均有;发育雄蕊披针形,子房球形,花柱带形。此为园艺杂交品种。

物种分布:我国各地常见栽培。长荡湖水城有栽培。

红花型

黄花型

再力花 *Thalia dealbata* **Fraser**

科属：竹芋科 Marantaceae　水竹芋属 *Thalia*

特征简介：多年生挺水植物。植株高 100~250 厘米。叶基生，4~6 片；叶柄较长，下部鞘状，基部略膨大，叶片卵状披针形至长椭圆形，浅灰绿色，边缘紫色，叶背表面被白粉；复穗状花序，小花紫红色，2~3 朵小花由 2 枚小苞片包被，紧密着生于花轴。蒴果近圆球形或倒卵状球形。

物种分布：原产于美国南部和墨西哥，我国长江流域以南诸省均栽培广泛。长荡湖水庄及水八卦均有栽培。

果期

群聚

水烛 *Typha angustifolia* **L.**

科属：香蒲科 Typhaceae　香蒲属 *Typha*

特征简介：多年生挺水植物。根状茎乳黄色或灰黄色，先端白色。地上茎直立，粗壮。叶片上部扁平，中部以下腹面微凹，背面向下逐渐隆起呈凸形，细胞间隙大，呈海绵状；叶鞘抱茎。雌雄花序相距 2.5~6.9 厘米；雄花序轴具褐色扁柔毛，单出或分叉；雌花序长 15~30 厘米，基部具 1 枚叶状苞片，通常比叶片宽，花后脱落；雄花由 3 枚雄蕊合生，雌花具小苞片。小坚果长椭圆形。

物种分布：我国除西藏、青海以外大部分省份均有分布，世界各大洲均有。长荡湖周边沟渠常见。

果期

花序

香蒲 *Typha orientalis* Presl

科属:香蒲科Typhaceae　香蒲属*Typha*

特征简介:多年生挺水植物。根状茎乳白色;地上茎粗壮,向上渐细。叶片条形,上部扁平,下部腹面微凹,背面逐渐隆起呈凸形,横切面呈半圆形,细胞间隙大,海绵状;叶鞘抱茎。雌雄花序紧密连接;雄花序轴具白色弯曲柔毛;雌花序基部具1枚叶状苞片,花后脱落;雄花通常由3枚雄蕊组成;雌花无小苞片。小坚果椭圆形至长椭圆形。本种与水烛易混淆,主要区别在于香蒲雌雄花序紧密连接,水烛雌雄花序之间有间隔。

物种分布:我国除新疆、西藏、青海以外大部分省份均有分布,亚洲其他国家至大洋洲也有。长荡湖周边沟渠偶见。

花序

果期

星花灯心草 *Juncus diastrophanthus* Buchen.

科属:灯心草科Juncaceae　灯心草属*Juncus*

特征简介:多年生湿生草本。茎丛生,微扁,两侧略有窄翅。叶基生和茎生,具鞘状低出叶;基生叶叶片较短;茎生叶1~3片,叶片线形,与基生叶均具短叶鞘,有不明显横隔;叶耳稍钝。6~24个头状花序排成顶生复聚伞状;头状花序星芒状球形,有5~14朵花;叶状苞片线形。花绿色;花被片窄披针形;雄蕊3枚,子房1室,花柱短。蒴果三棱状长圆柱形。本种与笄石菖近似,但本种植株通常较矮,茎微扁平,两侧略具狭翅;花被片内轮比外轮长,头状花序呈星芒状球形;蒴果三棱状长圆柱形,可以据此区别。

物种分布:我国长江流域诸省及陕西、甘肃有分布,亚洲其他地区也有。长荡湖田埂、湖堤偶见。

植株

笄石菖 *Juncus prismatocarpus* R. Brown

科属:灯心草科Juncaceae　灯心草属*Juncus*

特征简介:多年生湿生草本。茎丛生,圆柱形,或稍扁,但两侧无翅,下部节上有时生不定根。叶基生和茎生,短于花序;基生叶少;茎生叶2~4片;叶片线形通常扁平;叶鞘边缘膜质,有时带红褐色;叶耳稍钝。花序由5~20(~30)个头状花序组成,排列成顶生复聚伞花序;花具短梗;花被片线状披针形至狭披针形;雄蕊通常3枚,花药线形,淡黄色;柱头3分叉,细长,常弯曲。蒴果三棱状圆锥形。

物种分布:我国除华北、东北以外各省均有分布,亚洲南部至大洋洲也有。长荡湖撂荒农田偶见。

灯心草 *Juncus effusus* L.

科属:灯心草科Juncaceae　灯心草属*Juncus*

特征简介:多年生草本。根状茎粗壮横走。茎丛生,直立。叶全部为低出叶,呈鞘状或鳞片状,包围在茎的基部,叶片退化为刺芒状。聚伞花序假侧生,含多花,花被片线状披针形,顶端锐尖,背脊增厚突出,黄绿色,边缘膜质,外轮者稍长于内轮;雄蕊3枚,花药黄色;雌蕊子房具3室,花柱极短;柱头3分叉。蒴果长圆形或卵形,黄褐色。

物种分布:产于我国湿润半湿润区及全世界温暖地区。长荡湖农田水网偶见。

野灯心草 *Juncus setchuensis* Buchen. ex Diels

科属:灯心草科Juncaceae　灯心草属*Juncus*

特征简介:多年生草本。根状茎短而横走,须根黄褐色。茎丛生,直立,圆柱形,有深沟,髓白色。叶全为低出叶,鞘状,包茎基部,基部红褐至棕褐色;叶片刺芒状。聚伞花序假侧生,具多花;花淡绿色,花被片卵状披针形;雄蕊3枚,稍短于花被片;子房1室,有3片不完全隔膜,花柱极短,柱头3分叉。蒴果卵形。本种与灯心草外形相似,但野灯心草矮小,一般不超过50厘米,而灯心草株高一般在50厘米以上,最高可达1米。此外,灯心草和野灯心草都是子房3室,但野灯心草隔膜不完全,表现出1室的特征。

物种分布:产于我国湿润半湿润区及全世界温暖地区。长荡湖农田水网常见。

萤蔺 *Schoenoplectus juncoides* (Roxb.) Palla

科属:莎草科Cyperaceae　水葱属*Schoenoplectus*

特征简介:丛生,根状茎短,具许多须根。秆稍坚挺,圆柱状,少数近于有棱角,平滑,基部具2~3个鞘;鞘边缘为干膜质,无叶片。苞片1枚,为秆的延长,直立;小穗(2~)3~5(~7)个聚成头状,假侧生,卵形或长圆状卵形,长8~17毫米,宽3.5~4毫米,棕色或淡棕色,具多数花;雄蕊3枚,花药长圆形,药隔突出;花柱中等长,柱头2个,极少3个。小坚果宽倒卵形平凸状。

物种分布:我国除内蒙古、甘肃、西藏外,全国各地均有分布,亚洲、北美洲及大洋洲热带、亚热带地区也有分布。长荡湖农田水网常见。

果期

水毛花 *Schoenoplectus mucronatus* subsp. *robustus* (Miq.) T. Koyama

科属:莎草科Cyperaceae　水葱属*Schoenoplectus*

果穗

特征简介:根状茎粗短,无匍匐根状茎,具细长须根。秆丛生,稍粗壮,锐三棱形,基部具2个叶鞘,鞘棕色,无叶片。苞片1枚,为秆的延长,直立或稍展开;小穗(2~)5~9(~20)个聚集成头状,假侧生,卵形、长圆状卵形、圆筒形或披针形;雄蕊3枚,花药线形,药隔稍突出;花柱长,柱头3个。小坚果倒卵形或宽倒卵形,扁三棱形。

物种分布:我国除新疆、西藏以外,广布于全国各地,亚洲、欧洲也有。长荡湖撂荒农田有分布。

水葱 *Schoenoplectus tabernaemontani* (C. C. Gmelin) Palla

科属:莎草科Cyperaceae　水葱属Schoenoplectus

特征简介:匍匐根状茎粗壮,具许多须根。秆高大,圆柱状,高1~2米,平滑,基部具3~4个叶鞘,鞘长可达38厘米,管状,膜质,最上面1个叶鞘具叶片。叶片线形,苞片1枚,为秆的延长,直立,钻状;长侧枝聚伞花序简单或复出,假侧生,具4~13个或更多个辐射枝;雄蕊3枚,花药线形,药隔突出;花柱中等长,柱头2个,少有3个,长于花柱。小坚果倒卵形或椭圆形。

物种分布:我国大部分省份均有,亚洲、美洲、大洋洲均有分布。该种多用于人工湿地构建,长荡湖水八卦有栽培。

藨草 *Scirpus triqueter* (L.)

科属:莎草科Cyperaceae　藨草属Scirpus

特征简介:匍匐根状茎长,干时呈红棕色。秆散生,粗壮,三棱形,基部具2~3个鞘,鞘膜质,横脉明显隆起,最上面1个鞘顶端具叶片。叶片扁平,宽1.5~2毫米。苞片1枚,为秆的延长,三棱形。简单长侧枝聚伞花序假侧生,有1~8个辐射枝;辐射枝三棱形,棱上粗糙,长可达5厘米,每个辐射枝顶端有1~8个簇生的小穗;雄蕊3枚,花药线形,药隔暗褐色,稍突出;花柱短,柱头2个,细长。小坚果倒卵形。

物种分布:我国除广东、海南岛外,各省都广泛分布,亚洲、欧洲、美洲也有。长荡湖偶见于农田水网。

扁秆荆三棱 *Bolboschoenus planiculmis* (F. Schmidt) T. V. Egorova

科属:莎草科Cyperaceae　三棱草属*Bolboschoenus*

特征简介:具匍匐根状茎和块茎;秆高60~100厘米,一般较细,三棱形,平滑,靠近花序部分粗糙,基部膨大,具秆生叶。叶扁平,具长叶鞘。叶状苞片1~3枚,常长于花序,边缘粗糙;长侧枝聚伞花序短缩成头状,通常具1~6个小穗;小穗卵形或长圆状卵形,锈褐色,长10~16毫米,宽4~8毫米,具多数花;雄蕊3枚,花药线形;花柱长,柱头2个。小坚果宽倒卵形或倒卵形,扁。

物种分布:我国除新疆、西藏以外各省均产,日本也有。长荡湖附近浅水静水区常有分布。

果期

雄花序

雌花序

荸荠 *Eleocharis dulcis* (N. L. Burman) Trinius ex Henschel

科属:莎草科Cyperaceae　荸荠属*Eleocharis*

特征简介:匍匐根状茎瘦长;秆多数,丛生,笔直,细长,圆柱状,高40~100多厘米,灰绿色,光滑,无毛,有横隔膜,兼有许多纵条纹。叶缺如,仅在秆的基部有2~3个叶鞘,鞘淡棕色,光滑无毛,膜质抱茎;小穗圆柱状,柱头2个。小坚果倒卵形,扁双凸状,黄色,表面细胞呈四至六角形。

物种分布:我国长江流域及广东、海南均产,东南亚和印度也有。长荡湖地区沟渠偶见。

群聚

花序

牛毛毡 *Eleocharis yokoscensis* (Franchet & Savatier) Tang & F. T. Wang

科属:莎草科Cyperaceae　荸荠属*Eleocharis*

特征简介:匍匐根状茎非常细;秆多数,细如毫发,密丛生如牛毛毡,因而有此俗名,高2~12厘米。叶鳞片状,具鞘,鞘微红色,膜质,管状。小穗卵形,淡紫色,只有几朵花,柱头3个。小坚果狭长圆形,无棱,呈浑圆状,顶端缢缩。

物种分布:几乎遍布我国,亚洲其他地区及俄罗斯远东地区均有分布。长荡湖农田常见。

群聚

果期

具刚毛荸荠 *Eleocharis valleculosa* var. *setosa* Ohwi

科属:莎草科Cyperaceae　荸荠属*Eleocharis*

特征简介:有匍匐根状茎;秆多数或少数,单生或丛生,圆柱状。叶缺如,在秆的基部有1~2个长叶鞘,鞘膜质,鞘的下部紫红色,鞘口平。小穗长圆状卵形或线状披针形,少有椭圆形和长圆形,后期为麦秆黄色,有多数或极多数密生的2性花,柱头2个。小坚果圆倒卵形,双凸状,淡黄色。

物种分布:几乎遍布我国,朝鲜和日本也有分布。长荡湖农田水网偶见。

花期

果期

复序飘拂草 *Fimbristylis bisumbellata* (Forsk.) Bubani

科属：莎草科Cyperaceae　飘拂草属*Fimbristylis*

特征简介：一年生草本。无根状茎，具须根。秆密丛生，较细弱，扁三棱形，平滑，基部具少数叶。叶短于秆，平展，顶端边缘具小刺；叶鞘短，黄绿色。叶状苞片2~5枚，近于直立，下面的1~2枚较长或等长于花序，其余的短于花序，线形，长侧枝聚伞花序复出或多次复出，松散，具4~10个辐射枝；小穗单生于第1次或第2次辐射枝顶端，长圆状卵形、卵形或长圆形，顶端急尖；雄蕊1~2枚；花柱长而扁，基部膨大，具缘毛，柱头2个。小坚果宽倒卵形，双凸状。

物种分布：我国黄河以南大部分省份均有分布，非洲、印度及日本也有。长荡湖地区为常见农田杂草。

植株

果期

两歧飘拂草 *Fimbristylis dichotoma* (L.) Vahl

科属：莎草科Cyperaceae　飘拂草属*Fimbristylis*

特征简介：秆丛生，叶线形，略短于秆或与秆等长；鞘草质，上端近于截形。苞片3~4枚，叶状，通常有1~2枚长于花序，无毛或被毛；长侧枝聚伞花序复出；小穗单生于辐射枝顶端，卵形、椭圆形或长圆形，具多数花；雄蕊1~2枚，花丝较短；花柱扁平，长于雄蕊，上部有缘毛，柱头2个。小坚果宽倒卵形，双凸状。该种与复序飘拂草相似，区别在于两歧飘拂草叶与秆近等长，小穗卵形或椭圆形，而复序飘拂草叶片明显短于秆，小穗长卵形至长椭圆形。

物种分布：我国黄河以南大部分省份均有分布，南亚至大洋洲、非洲均有。长荡湖地区为常见农田杂草。

群聚

花期

水蜈蚣 *Kyllinga polyphylla* Kunth

科属:莎草科Cyperaceae　水蜈蚣属*Kyllinga*

特征简介:根状茎长而匍匐,外被膜质及褐色鳞片。秆成列散生,细弱,扁三棱形,平滑,具4~5个圆筒状叶鞘,上面2~3个叶鞘顶端具叶片。叶柔弱,短于或稍长于秆,上部边缘和背面中肋上具细刺。叶状苞片3枚,展开;穗状花序单个,球形或卵球形,具极多数密生的小穗。小穗具1朵花;鳞片膜质,背面的龙骨状突起绿色,具刺,顶端延伸成外弯的短尖;雄蕊1~3枚,花药线形;花柱细长,柱头2个。小坚果倒卵状长圆形,扁双凸状。

物种分布:我国长江流域以南大部分省份均有,也分布于热带亚洲、非洲、澳洲及美洲。长荡湖堤坝、田埂等地常见。

花期

果期

高秆莎草 *Cyperus exaltatus* Retz.

科属:莎草科Cyperaceae　莎草属*Cyperus*

特征简介:根状茎短,具许多须根。秆粗壮,高100~150厘米,钝三棱形,平滑,基部生较多叶。叶与秆近等长,边缘粗糙;叶鞘长,紫褐色。叶状苞片3~6枚,下面几枚较花序长;长侧枝聚伞花序复出或多次复出;穗状花序具柄,具多数小穗;小穗近于2列,排列较疏松或有时较紧密,斜展,有6~16朵花;小穗轴具狭翅,翅线形,白色透明;雄蕊3枚,花药线形;花柱细长,柱头3个。小坚果倒卵形或椭圆形,三棱形,光滑。

物种分布:我国江苏、安徽、广东等省有分布,热带亚洲、大洋洲及非洲也有。长荡湖附近浅水塘内有分布。

花期

果期

头状穗莎草 *Cyperus glomeratus* L.

科属:莎草科Cyperaceae　莎草属*Cyperus*

特征简介:一年生草本。具须根;秆散生,粗壮,高50~95厘米,钝三棱形,平滑,具少数叶。叶短于秆;叶鞘长,红棕色。叶状苞片3~4枚,复出长侧枝聚伞花序具3~8个辐射枝,辐射枝长短不等;穗状花序无总花梗,近于圆形、椭圆形或长圆形,具极多数小穗;小穗多列,排列极密,线状披针形或线形,稍扁平,具8~16朵花;雄蕊3枚,花药短,长圆形,暗血红色,药隔突出于花药顶端;花柱长,柱头3个,较短。小坚果长圆形,三棱形。

物种分布:分布于我国长江流域以北各省,欧洲、亚洲温带其他地区也有。长荡湖五七农场有分布。

香附子 *Cyperus rotundus* L.

科属:莎草科Cyperaceae　莎草属*Cyperus*
别名:莎草

特征简介:匍匐根状茎长,具椭圆形块茎。秆稍细弱,锐三棱形,平滑,基部呈块茎状。叶较多,短于秆;鞘棕色,常裂成纤维状。叶状苞片常长于花序;长侧枝聚伞花序简单或复出,具(2~)3~10个辐射枝;穗状花序轮廓为陀螺形,稍疏松,具3~10个小穗;小穗斜展开,线形,具8~28朵花;雄蕊3枚,花药长,线形,暗血红色;花柱长,柱头3个,细长,伸出鳞片外。小坚果长圆状倒卵形,三棱形。

物种分布:原产地可能为印度,我国大部分省份归化。长荡湖沿岸堤坝、农田等地常见。

碎米莎草 *Cyperus iria* L.

科属：莎草科Cyperaceae　莎草属*Cyperus*

特征简介：一年生草本。无根状茎，具须根。秆丛生，细弱或稍粗壮，扁三棱形，基部具少数叶，叶短于秆。叶状苞片3~5枚，下面的2~3枚常较花序长；长侧枝聚伞花序复出，具4~9个辐射枝，每个辐射枝具5~10个穗状花序；穗状花序卵形或长圆状卵形，具5~22个小穗；小穗排列松散，斜展开，长圆形、披针形或线状披针形，压扁，具6~22朵花；雄蕊3枚，花丝着生在环形的胼胝体上，花药短，椭圆形；花柱短，柱头3个。小坚果倒卵形或椭圆形。

物种分布：我国大部分省份均有分布，世界范围内美洲以外皆有分布。长荡湖环湖堤坝常见。

花期

果期

具芒碎米莎草 *Cyperus microiria* Steud.

科属：莎草科Cyperaceae　莎草属*Cyperus*

特征简介：一年生草本。具须根；秆丛生，稍细，锐三棱形，平滑，基部具叶。叶短于秆，叶鞘红棕色，表面稍带白色。叶状苞片3~4枚，长于花序；长侧枝聚伞花序复出或多次复出，稍密或疏展，具5~7个辐射枝；穗状花序卵形、宽卵形或近于三角形，具多数小穗；小穗排列稍稀，具8~24朵花；小穗轴直，具白色透明狭边；鳞片排列疏松；雄蕊3枚，花药长圆形；花柱极短，柱头3个。小坚果倒卵形。

物种分布：产于我国各地，朝鲜、日本也有。长荡湖大涪山山脚有分布。

植株

野生风车草 *Cyperus alternifolius* L.

科属:莎草科Cyperaceae　莎草属*Cyperus*

别名:风车草、旱伞草

特征简介:根状茎短,粗大,须根坚硬。秆稍粗壮,高30~150厘米,近圆柱状,上部稍粗糙,基部包裹以无叶的鞘,鞘棕色。多次复出长侧枝聚伞花序具多数第1次辐射枝,每个第1次辐射枝具4~10个第2次辐射枝;小穗密集于第2次辐射枝上端,椭圆形或长圆状披针形,压扁,具6~26朵花;小穗轴不具翅;雄蕊3枚,花药线形,顶端具刚毛状附属物;花柱短,柱头3个。小坚果椭圆形,近于三棱形。

物种分布:原产于非洲,我国南北各省均见栽培。长荡湖水城有栽培。

群聚　　　果期

扁穗莎草 *Cyperus compressus* L.

科属:莎草科Cyperaceae　莎草属*Cyperus*

特征简介:丛生草本。根为须根;秆稍纤细,锐三棱形,基部具较多叶。叶短于秆或与秆近等长,叶鞘紫褐色。苞片3~5枚,叶状,长于花序;长侧枝聚伞花序简单,具(1~)2~7个辐射枝,辐射枝最长达5厘米;穗状花序近于头状;花序轴很短,具3~10个小穗;小穗排列紧密,斜展,线状披针形,具8~20朵花;鳞片紧贴的覆瓦状排列,稍厚,卵形,顶端具稍长的芒;雄蕊3枚,花药线形,药隔突出于花药顶端;花柱长,柱头3个,较短。小坚果倒卵形,三棱形,侧面凹陷。

物种分布:我国长江流域以南各省以及喜马拉雅均有分布,印度及越南也有。长荡湖水八卦有分布。

花期　　　果期

异型莎草 *Cyperus difformis* L.

科属：莎草科Cyperaceae　莎草属*Cyperus*

果期

特征简介：一年生草本。根为须根；秆丛生，稍粗或细弱，扁三棱形，平滑。叶短于秆，平张或折合；叶鞘稍长，褐色。苞片2枚，叶状，长于花序；长侧枝聚伞花序简单，少数为复出，具3~9个辐射枝；头状花序球形，具极多数小穗；小穗密聚，披针形或线形，具8~28朵花；小穗轴无翅；雄蕊2枚，有时1枚，花药椭圆形，药隔不突出于花药顶端；花柱极短，柱头3个，较短。较小坚果倒卵状椭圆形。

物种分布：我国南北各省均有分布，亚洲、非洲及美洲中部也有。长荡湖水街草地有分布。

花期

旋鳞莎草 *Cyperus michelianus* (L.) Link

科属：莎草科Cyperaceae　莎草属*Cyperus*

特征简介：一年生草本。须根多；秆密丛生，扁三棱形，平滑。叶长于或短于秆，平张或有时对折；基部叶鞘紫红色。苞片3~6枚，叶状，基部宽，较花序长很多；长侧枝聚伞花序呈头状，卵形或球形，具极多数密集的小穗；小穗卵形或披针形，具10~20余朵花；鳞片螺旋状排列，膜质，长圆状披针形；雄蕊2枚，少数1枚，花药长圆形；花柱长，柱头2个。小坚果狭长圆形，三棱形。

物种分布：我国黑龙江至广东的平原地区皆有分布，欧洲中部及非洲北部也有。长荡湖附近摺荒农田有分布。

植株

单性薹草 *Carex unisexualis* C. B. Clarke

科属:莎草科Cyperaceae 薹草属*Carex*

特征简介:根状茎粗,木质,具长而较粗的地下匍匐茎。秆高40~80厘米,锐三棱形,上部棱粗糙,基部常具红棕色无叶片的鞘,鞘的一侧常撕裂成网状。叶近等长于秆,平张,近基部的叶具较长的鞘,上面的叶近于无鞘。苞片叶状。小穗4~6个,距离短,常集中生于秆的上端,顶生小穗为雄小穗,圆柱形,长4~6厘米;侧生小穗为雌小穗,长3~9厘米,有时顶端具少数雄花。雄花鳞片狭披针形,两侧红褐色;雌花鳞片卵状披针形或披针形,膜质,两侧红褐色,中间黄绿色。果囊稍长于鳞片,卵形,三棱形,小坚果稍松地包于果囊内。柱头3个。

花期

物种分布:我国大部分省份均有分布。长荡湖湖滩偶见。

阿齐薹草 *Carex argyi* Levl. et Vant.

科属:莎草科Cyperaceae 薹草属*Carex*

果期

特征简介:根状茎具粗壮的地下匍匐茎分枝。秆高30~60厘米,三棱形,平滑,基部包以暗血红色或红褐色叶鞘。叶短于秆,坚挺,小横隔节明显,具叶鞘。苞片叶状,下面的长于花序。小穗5~7个,上端2~4个小穗为雄小穗,间距短,线状圆柱形,基部苞片短于小穗,近于无柄;其余小穗为雌小穗,间距长,长圆柱形。雌花鳞片披针形,顶端渐尖,具短芒,膜质,苍白色,具3条脉。果囊斜展,长于鳞片,长圆状卵形,鼓胀三棱形淡褐黄色并部分带有暗血红色,基部钝圆,顶端渐狭成中等长而稍宽的喙,喙口2深裂。小坚果稍松地包于果囊内,倒卵形或卵形,三棱形,顶端具粗硬的花柱,柱头3个。

物种分布:分布于我国安徽、江苏、湖北。长荡湖五七农场湖滩有分布。

灰化薹草 *Carex cinerascens* Kukenth.

科属:莎草科Cyperaceae　薹草属*Carex*

特征简介:根状茎短,具长匍匐茎。秆丛生,高25~60厘米,锐三棱形,平滑,仅花序下部稍粗糙,基部叶鞘无叶片。叶短于或等长于秆,平张;苞片最下部的叶状,长于或等长于花序,无鞘,其余的刚毛状;小穗3~5个,上部1~2个为雄小穗,狭圆柱形,长2~5厘米,其余为雌小穗,稀顶端具少数雄花,狭圆柱形,长1.5~3厘米;雌花鳞片长圆状披针形,顶端锐尖,具小短尖;果囊长于鳞片,卵形膜质,灰色、淡绿色或黄绿色,具锈点,基部收缩成短柄,顶端渐狭成不明显的喙,喙口近全缘。小坚果稍紧包于果囊中,倒卵状长圆形;柱头2个。

物种分布:我国东北至长江流域诸省均有分布。长荡湖湖滩偶见。

花期

果期

二形鳞薹草 *Carex dimorpholepis* Steud.

科属:莎草科Cyperaceae　薹草属*Carex*

特征简介:根状茎短;秆丛生,高35~80厘米,锐三棱形,上部粗糙,基部具红褐色至黑褐色无叶片的叶鞘。叶短于或等长于秆,平张,边缘稍反卷。下部2枚苞片叶状,长于花序,上部苞片刚毛状。小穗5~6个,接近,顶端1个雌雄顺序,长4~5厘米;侧生小穗雌性,上部3个基部具雄花,圆柱形,长4.5~5.5厘米,宽5~6毫米;小穗柄纤细,向上渐短,下垂。雌花鳞片倒卵状长圆形,顶端微凹或截平,具粗糙长芒,中间3脉淡绿色,两侧白色膜质,疏生锈色点线。果囊长于鳞片,椭圆形或椭圆状披针形,长约3毫米,略扁,红褐色,密生乳头状突起和锈点;柱头2个。

果期

物种分布:我国黄河流域以南诸省皆有分布,印度、越南、日本也有。长荡湖五七农场湖滩有分布。

尖嘴薹草 *Carex leiorhyncha* C. A. Mey

科属:莎草科Cyperaceae 薹草属*Carex*

特征简介:根状茎短,木质。秆丛生,高20~80厘米,三棱形。叶短于秆,平张,基部叶鞘疏松抱茎。苞片刚毛状,下部1~2枚叶状,长于小穗。小穗多数,卵形,长5~12毫米,宽4~6毫米,雄雌顺序。雄花鳞片长圆形,先端渐尖,淡黄色,具锈色点线;雌花鳞片卵形,先端渐尖成芒尖,锈黄色,边缘膜质,具紫红色点线。果囊长于鳞片,披针状卵形或长圆状卵形,平凸状,长3.5~4毫米,宽约1毫米,膜质,淡黄色或淡绿色,基部近圆形,先端渐狭成长喙,喙平滑,喙口2齿裂。小坚果疏松地包于果囊中,椭圆形或卵状椭圆形,平凸状或微双凸状;花柱基部不膨大,柱头2个。

果期

物种分布:我国长江流域以北诸省皆有分布,俄罗斯远东及朝鲜也有。长荡湖湖滩偶见。

斑竹 *Phyllostachys bambusoides* Sieb. et Zucc. f. *lacrima-deae* Keng f. et Wen

科属:禾本科Gramineae 刚竹属*Phyllostachys*
别名:湘妃竹

特征简介:竿高6~8米,直径2~5厘米,有紫褐色斑块;幼竿无毛,无白粉或被不易察觉的白粉,偶在节下方具稍明显的白粉环;节间长达40厘米,壁厚约5毫米;竿环稍高于箨环。箨鞘革质,箨耳小形或大形而呈镰状,箨舌拱形,箨片带状。叶耳半圆形,缝毛发达;叶舌明显伸出,拱形或有时截形。花枝呈穗状,长5~8厘米,偶可长达10厘米;花柱较长,柱头3个,羽毛状。笋期5月下旬。

物种分布:产于我国黄河至长江流域各地,栽培非常广泛。长荡湖水城有栽培。

竿

紫竹 *Phyllostachys nigra* (Lodd.) Munro

科属：禾本科 Gramineae　刚竹属 *Phyllostachys*

特征简介：竿高 4~8 米，稀可高达 10 米，直径可达 5 厘米，幼竿绿色，密被细柔毛及白粉，箨环有毛，一年生以后的竿先出现紫斑，最后逐渐全部变为紫黑色，无毛；中部节间长 25~30 厘米，壁厚约 3 毫米；竿环与箨环均隆起。箨鞘背面红褐或更带绿色，被微量白粉及较密的淡褐色刺毛；箨耳长圆形至镰形，箨舌拱形至尖拱形，箨片三角形至三角状披针形。末级小枝具 2 或 3 叶；叶耳不明显，叶舌稍伸出。花枝呈短穗状，长 3.5~5 厘米；花药长约 8 毫米；柱头 3 个，羽毛状。笋期 4 月下旬。

物种分布：原产于我国，我国南北各地多有栽培。长荡湖水城有栽培。

毛竹 *Phyllostachys edulis* (Carriere) J. Houz.

科属：禾本科 Gramineae　刚竹属 *Phyllostachys*

特征简介：竿高达 20 余米，粗者可达 20 余厘米，幼竿密被细柔毛及厚白粉，箨环有毛，老竿无毛，并由绿色渐变为绿黄色；基部节间甚短而向上则逐节较长，中部节间长达 40 厘米或更长，壁厚约 1 厘米。箨鞘背面黄褐色或紫褐色，具黑褐色斑点及密生棕色刺毛；箨耳、箨舌宽短，强隆起乃至为尖拱形，边缘具粗长纤毛。末级小枝具 2~4 叶；叶耳不明显，叶舌隆起，叶片较小较薄，披针形。花枝穗状，长 5~7 厘米。笋期 4 月，花期 5~8 月。

物种分布：我国自秦岭、汉水流域至长江流域以南均有分布，黄河流域也有栽培。长荡湖水城有栽培。

金丝毛竹 *Phyllostachys edulis* f. *gracilis*

科属：禾本科 Gramineae　刚竹属 *Phyllostachys*

特征简介：变种，与原变种的区别在于竿始终矮小，高 7~8 米，直径 3~4 厘米，竿壁较厚。竿坚固耐用，可作撑篙及农具柄。

物种分布：产于我国江苏宜兴。长荡湖水城有栽培。

金镶玉竹 *Phyllostachys aureosulcata* f. *spectabilis* C. D. Chu et C. S. Chao

科属:禾本科 Gramineae 刚竹属 *Phyllostachys*

特征简介:幼竿被白粉及柔毛,毛脱落后手触竿表面微觉粗糙;分枝一侧的沟槽为绿色,其他部分为黄色;竿环中度隆起,高于箨环。箨鞘背部紫绿色常有淡黄色纵条纹,散生褐色小斑点或无斑点,被薄白粉;箨耳淡黄带紫或紫褐色;箨舌宽,拱形或截形。末级小枝具2或3叶;叶耳微小或无,缝毛短;叶舌伸出。花枝呈穗状,基部约有4枚逐渐增大的鳞片状苞片;佛焰苞4或5枚;小穗含1或2朵小花;花药长6~8毫米;柱头3个,羽毛状。笋期4月中旬至5月上旬,花期5~6月。

物种分布:产于我国北京、江苏,全国各地广泛栽培。长荡湖水城有栽培。

竿

水竹 *Phyllostachys heteroclada* Oliver

科属:禾本科 Gramineae 刚竹属 *Phyllostachys*

特征简介:竿可高达6米,粗可达3厘米,幼竿具白粉并疏生短柔毛;节间长达30厘米,壁厚3~5毫米;竿环在较粗的竿中较平坦,与箨环同高,在较细的竿中则明显隆起而高于箨环;分枝角度大,以致接近于水平开展。箨鞘背面深绿带紫色,在细小的笋上则为绿色,无斑点,被白粉,无毛或疏生短毛,边缘生白色或淡褐色纤毛;箨耳小,淡紫色;箨舌低,箨片直立,三角形至狭长三角形,绿色、绿紫色或紫色,背部呈舟形隆起。末级小枝具2叶;叶鞘除边缘外无毛;无叶耳,叶舌短。花枝呈紧密头状,通常侧生于老枝上;花柱长约5毫米,柱头3个,有时2个,羽毛状。笋期5月,花期4~8月。

物种分布:产于我国黄河流域及其以南各地。长荡湖水城有栽培。

竿

孝顺竹 *Bambusa multiplex* (Lour.) Raeuschel ex J. A. et J. H. Schult.

科属:禾本科Gramineae　箣竹属*Bambusa*

特征简介:秆密集,高4~7米,径2~3厘米,节间常绿色,微被白粉。箨鞘顶端呈不对称拱形,背面无毛;箨耳无或不显著,有稀疏纤毛;箨舌窄,高约1毫米,全缘或细齿裂;箨叶直立,长三角形,基部与箨鞘顶部近等宽。分枝高,基部数节无分枝,枝条多数簇生,主枝稍粗长。小枝具5~10叶;叶鞘无毛,叶耳不明显或肾形;叶线状披针形,长4~14厘米,宽0.5~2厘米,侧脉4~8对,上面无毛,下面灰绿色,密被柔毛。笋期6~9月。

群聚

物种分布:原产于越南,分布于我国东南部至西南部,野生或栽培。长荡湖水城有栽培。

黄金间碧竹 *Bambusa vulgaris* f. *vittata* (Riviere & C. Riviere) T. P. Yi

科属:禾本科Gramineae　箣竹属*Bambusa*

特征简介:竿稍疏离,黄色,具宽窄不等的绿色纵条纹,高8~15米,径5~9厘米;节间幼时稍被白蜡粉,竿壁稍厚;箨鞘早落,箨鞘在新鲜时为绿色而具宽窄不等的黄色纵条纹;箨耳甚发达,彼此近等大而近同形;箨片直立或外展。叶鞘初时疏生棕色糙硬毛,后变无毛;叶耳常不发达,叶舌高1毫米或更低,截形,全缘;叶片窄被针形;小穗稍扁,狭披针形至线状披针形;小穗轴节间长1.5~3毫米;颖1或2片;外稃背面近顶端被短毛,先端具硬尖头;内稃略短于其外稃,具2脊;花柱细长,柱头短,3个。

物种分布:我国南方各省庭院中有栽培。长荡湖水城有栽培。

竿

阔叶箬竹 *Indocalamus latifolius* (Keng) McClure

科属: 禾本科 Gramineae　箬竹属 *Indocalamus*

特征简介: 竿高可达2米,直径长0.5~1.5厘米;节间长5~22厘米,被微毛,尤以节下方为甚;竿环略高,箨环平;竿每节1枝,上部稀可分2或3枝,枝直立或微上举。箨鞘硬纸质或纸质,下部竿箨者紧抱竿,而上部者则较疏松抱竿;箨耳无或稀而不明显,疏生粗糙短繸毛;箨舌截形,箨片直立,叶鞘无毛,叶舌截形,叶耳无;叶片长圆状披针形。圆锥花序长6~20厘米,其基部为叶鞘所包裹,花序分枝上升或直立;花药紫色或黄带紫色,长4~6毫米;柱头2个,羽毛状。

物种分布: 我国长江流域以南广布,或作为粽叶栽培。长荡湖大涪山有半野生分布,水城也有栽培。

群聚

粳稻 *Oryza sativa* subsp. *japonica* Kato

科属: 禾本科 Gramineae　稻属 *Oryza*

特征简介: 一年生水生草本。秆直立;叶鞘松弛,无毛;叶舌披针形,在两侧基部下方延长成叶鞘边缘,具2枚镰形抱茎的叶耳;叶片线状披针形,长40厘米左右,宽约1厘米,无毛,粗糙。圆锥花序大型疏展,长约30厘米,分枝多,成熟期向下弯垂;小穗含1朵成熟花,两侧甚压扁,长圆状卵形至椭圆形;颖极小,仅在小穗柄先端留下半月形痕迹,退化外稃2枚,锥刺状;两侧孕性花外稃质厚,有短芒或无芒;内稃与外稃同质,先端尖而无喙;雄蕊6枚。

物种分布: 我国南北各省广泛栽培。长荡湖周边稻田有栽培。

幼苗

果期

李氏禾 *Leersia hexandra* Swartz

科属:禾本科 Gramineae　　假稻属 *Leersia*

特征简介:多年生。具发达匍匐茎和细瘦根状茎;秆倾卧地面并于节处生根,直立部分高40~50厘米,节部膨大且密被倒生微毛。叶鞘短于节间,多平滑;叶舌长基部两侧下延,与叶鞘边缘相愈合成鞘边;叶片披针形,有时卷折。圆锥花序开展,长5~10厘米,分枝较细,直升,不具小枝,长4~5厘米,具角棱;小穗长3.5~4毫米,宽约1.5毫米,具长约0.5毫米的短柄;颖不存在;外稃5脉,脊与边缘具刺状纤毛,两侧具微刺毛;内稃与外稃等长,较窄,具3脉;脊生刺状纤毛;雄蕊6枚。

物种分布:我国长江流域以南广布,分布于全球热带。长荡湖近岸及农田水网常见。

小穗

群聚

菰 *Zizania latifolia* (Griseb.) Stapf

科属:禾本科 Gramineae　　菰属 *Zizania*

特征简介:多年生。具匍匐根状茎,须根粗壮。秆高大直立,高1~2米。叶鞘长于节间,肥厚,有小横脉;叶舌膜质,顶端尖;叶片扁平宽大。圆锥花序长30~50厘米,分枝多数簇生,上升,果期开展;雄小穗长10~15毫米,两侧压扁,着生于花序下部或分枝上部,雄蕊6枚;雌小穗圆筒形,着生于花序上部和分枝下方与主轴贴生处。颖果圆柱形。本种嫩茎被真菌 *Ustilago edulis* 寄生后,可食用,称茭白。颖果亦可食用,称菰米。

物种分布:我国除新疆、西藏、青海以外诸省皆有分布,亚洲温带及欧洲也有。长荡湖农田水网常见。

群聚

花序

茭白

蒲苇 *Cortaderia selloana* (Schult.) Aschers. et Graebn.

科属:禾本科 Gramineae　蒲苇属 *Cortaderia*

特征简介:多年生。雌雄异株;秆高大粗壮,丛生,高2~3米。叶舌为1圈密生柔毛,毛长2~4毫米;叶片质硬,狭窄,簇生于秆基,长达1~3米,边缘粗糙具锯齿。圆锥花序大型稠密,长50~100厘米,银白色至粉红色;雌花序较宽大,雄花序较狭窄;小穗含2~3朵小花,雌小穗具丝状柔毛,雄小穗无毛;颖质薄,细长,白色,外稃顶端延伸成长而细弱的芒。

物种分布:原产于美洲,我国广泛栽培。长荡湖水城及水八卦有栽培。

群聚

芦竹 *Arundo donax* L.

科属:禾本科 Gramineae　芦竹属 *Arundo*

特征简介:多年生。具发达根状茎;秆粗大直立,高3~6米,坚韧,具多数节,常生分枝。叶鞘长于节间,无毛或颈部具长柔毛;叶舌截平,先端具短纤毛;叶片扁平,基部白色,抱茎。圆锥花序极大型,长30~90厘米,分枝稠密,斜升;小穗含2~4朵小花,外稃中脉延伸成短芒,背面中部以下密生长柔毛;雄蕊3枚。颖果细小黑色。

物种分布:我国长江流域以南皆产,美洲以外热带地区广布。长荡湖水城、水八卦、上黄等地均有栽培。

叶鞘

花期

芦苇 *Phragmites australis* (Cav.) Trin. ex Steud.

科属:禾本科Gramineae 芦苇属*Phragmites*

特征简介:多年生。根状茎十分发达;秆直立,高1~8米,具20多节,基部和上部的节间较短,节下被蜡粉。叶鞘下部短于上部,长于其节间;叶舌边缘密生1圈长约1毫米的短纤毛,两侧缘毛长3~5毫米,易脱落;叶片披针状线形。圆锥花序大型,分枝多数,着生稠密下垂的小穗;小穗长约12毫米,含4朵花;颖具3脉;雄蕊3枚,花药长1.5~2毫米,黄色。颖果长约1.5毫米。

物种分布:产于我国各地,全球广泛分布。长荡湖环湖及沟渠广布。

节及叶鞘 果期

早熟禾 *Poa annua* L.

科属:禾本科Gramineae 早熟禾属*Poa*

特征简介:一年生或冬性禾草。秆直立或倾斜,质软,高6~30厘米,全株平滑无毛。叶鞘稍压扁,中部以下闭合;叶舌圆头;叶片扁平或对折,质地柔软,常有横脉纹,顶端急尖呈船形,边缘微粗糙。圆锥花序宽卵形,开展;分枝1~3个着生各节,平滑;小穗卵形,含3~5朵小花,长3~6毫米,绿色;颖质薄,具宽膜质边缘,顶端钝;花药黄色,长0.6~0.8毫米。颖果纺锤形。

物种分布:广布于我国南北各省,欧洲、亚洲及北美均有分布。长荡湖湖堤草地广布。

花期 果期

黑麦草 *Lolium perenne* L.

科属:禾本科Gramineae　黑麦草属*Lolium*

特征简介:多年生。具细弱根状茎;秆丛生,高30~90厘米,具3~4节,质软,基部节上生根。叶舌长约2毫米;叶片线形,长5~20厘米,柔软,具微毛,有时具叶耳。穗形穗状花序直立或稍弯,长10~20厘米,宽5~8毫米;小穗轴节间长约1毫米,平滑无毛;颖披针形,边缘狭膜质;外稃长圆形,草质,平滑,基盘明显,顶端无芒或具短芒;内稃与外稃等长,两脊生短纤毛。颖果长约为宽的3倍。

物种分布:分布于西亚、欧洲、非洲北部,我国曾将其作为牧草引入,现作草坪广泛栽培,本种冬季绿色,常与狗牙根混播。长荡湖水城有栽培。

雀麦 *Bromus japonicas* Thunb. ex Murr.

科属:禾本科Gramineae　雀麦属*Bromus*

特征简介:一年生。秆直立,高40~90厘米。叶鞘闭合,被柔毛;叶舌先端近圆形,叶片两面生柔毛。圆锥花序疏展,具2~8个分枝,向下弯垂;分枝细,上部着生1~4枚小穗;小穗黄绿色,密生7~11朵小花;颖近等长,脊粗糙,边缘膜质;外稃椭圆形,草质,边缘膜质,顶端钝三角形,芒自先端下部伸出,基部稍扁平,成熟后外弯;内稃两脊疏生细纤毛;小穗轴短棒状。颖果长7~8毫米。

物种分布:我国南北各省皆有,欧亚温带地区广泛分布。长荡湖五七农场湖堤有分布。

无芒雀麦 *Bromus inermis* Layss.

科属：禾本科 Gramineae　雀麦属 *Bromus*

特征简介：多年生。具横走根状茎；秆直立，疏丛生，高50~120厘米，无毛或节下具倒毛。叶鞘闭合，无毛或有短毛；叶片扁平，两面及边缘粗糙，无毛或边缘疏生纤毛。圆锥花序长10~20厘米，较密集，花后开展；分枝长达10厘米，小穗轮生于主轴各节；小穗含6~12朵花；颖披针，具膜质边缘；外稃长圆状披针形，无毛，基部微粗糙，顶端无芒；内稃膜质，短于其外稃，脊具纤毛。颖果长圆形。

物种分布：我国温带、亚热带地区各省皆有，广布于欧亚大陆温带地区。长荡湖环湖公路旁偶见。

穗

果期

疏花雀麦 *Bromus remotiflorus* (Steud.) Ohwi

科属：禾本科 Gramineae　雀麦属 *Bromus*

特征简介：多年生。具短根状茎；秆高60~120厘米，具6~7节，节生柔毛。叶鞘闭合，密被倒生柔毛；叶片上面生柔毛。圆锥花序疏松开展，每节具2~4个分枝；分枝细长孪生，粗糙，着生少数小穗，成熟时下垂；小穗疏生5~10朵小花；颖窄披针形，顶端渐尖至具小尖头；外稃窄披针形，边缘膜质，伸出长5~10毫米的直芒；内稃狭，短于外稃，脊具细纤毛。颖果长8~10毫米，贴生于稃内。三种雀麦以疏花雀麦最为常见，叶鞘密生白色柔毛为疏花雀麦主要识别特征。雀麦似疏花雀麦，但其植株整体无毛，无芒雀麦似雀麦但外稃无芒。

物种分布：我国温带、亚热带地区广布，日本、朝鲜也有。长荡湖环湖公路旁常见。

群聚

果穗

白茅 *Imperata cylindrica* (L.) Beauv.

科属:禾本科 Gramineae　白茅属 *Imperata*

特征简介:多年生。具粗壮的长根状茎;秆直立,高30~80厘米,具1~3节,节无毛。叶鞘聚集于秆基,甚长于其节间,质地较厚;叶舌膜质,紧贴其背部或鞘口,具柔毛;分蘖叶片长约20厘米,秆生叶片长1~3厘米。圆锥花序稠密,长20厘米,宽3厘米,小穗长4.5~5(~6)毫米,基盘具长12~16毫米的丝状柔毛;两颖草质及边缘膜质,近相等,常具纤毛,第1外稃卵状披针形,第2外稃与其内稃近相等;雄蕊2枚,花柱细长,基部多少连合,柱头2个,紫黑色,羽状。颖果椭圆形。
物种分布:我国长江流域及其以北广泛分布,非洲北部、西亚及欧洲也有。长荡湖湖堤常见。

花序

果期

纤毛披碱草 *Elymus ciliaris* (Trin. ex Bunge) Tzvelev

科属:禾本科 Gramineae　披碱草属 *Elymus*

花期

特征简介:秆单生或成疏丛。直立,基部节常膝曲,高40~80厘米,平滑无毛,常被白粉。叶鞘无毛,叶片扁平,边缘粗糙。穗状花序直立或稍下垂,长10~20厘米;小穗通常绿色,颖椭圆状披针形,先端常具短尖头,两侧或一侧常具齿,边缘与边脉上具纤毛;外稃长圆状披针形,背部被粗毛,边缘具长而硬的纤毛;内稃长为外稃的2/3,先端钝头,脊的上部具少许短小纤毛。
物种分布:我国广布,朝鲜、日本及俄罗斯远东地区也有。长荡湖湖堤、田埂常见。

果期

柯孟披碱草 *Elymus kamoji* (Ohwi) S. L. Chen

科属：禾本科 Gramineae　披碱草属 *Elymus*

特征简介：秆直立或基部倾斜,高30~100厘米。叶鞘外侧边缘常具纤毛;叶片扁平,长5~40厘米。穗状花序长7~20厘米,弯曲或下垂;小穗绿色或带紫色,含3~10朵小花;颖卵状披针形至长圆状披针形;外稃披针形,具较宽的膜质边缘,背部及基盘近于无毛或仅基盘两侧具极微小的短毛;内稃约与外稃等长,先端钝头,脊显著具翼,翼缘具细小纤毛。

物种分布：我国除青海、西藏等地外,几乎遍布全国。长荡湖湖堤、路旁、荒地等生境常见。

群聚

花序

小麦 *Triticum aestvum* L.

科属：禾本科 Gramineae　小麦属 *Triticum*

特征简介：秆直立,丛生,具6~7节,高60~100厘米,径5~7毫米。叶鞘松弛包茎,下部长于上部而短于节间;叶舌膜质,长约1毫米;叶片长披针形。穗状花序直立,长5~10厘米(芒除外),宽1~1.5厘米;小穗含3~9朵小花,上部不发育;颖卵圆形,长6~8毫米,主脉于背面上部具脊,于顶端延伸为长约1毫米的齿,侧脉的背脊及顶齿均不明显;外稃长圆状披针形,长8~10毫米,顶端具芒或无芒;内稃与外稃近等长。

物种分布：世界各地广为栽培。长荡湖周边少量栽培。

果期

野燕麦 *Avena fatua* L.

科属：禾本科Gramineae　燕麦属*Avena*

特征简介：秆高0.6~1.2米，无毛，具2~4节。叶鞘光滑或基部被微毛；叶舌膜质；叶片微粗糙，或上面和边缘疏生柔毛。圆锥花序呈金字塔形，小穗具2~3朵小花，小穗柄下垂，先端膨胀；小穗轴密生淡棕或白色硬毛，节脆硬易断落，第1节间长约3毫米；颖草质，几相等，长2.5厘米以下，具9脉。外稃坚硬，第1外稃长1.5~2厘米，背面中部以下具淡棕或白色硬毛，芒自稃体中部稍下处伸出，长2~4厘米，膝曲，芒柱棕色，扭转，第2外稃有芒。颖果被淡棕色柔毛，腹面具纵沟。

物种分布：原产于欧洲南部和地中海沿岸，我国南北各省归化。长荡湖周边为常见路旁杂草。

果穗

虉草 *Phalaris arundinacea* L.

科属：禾本科Gramineae　虉草属*Phalaris*

特征简介：多年生。有根茎；秆通常单生或少数丛生，高60~140厘米，具6~8节。叶鞘无毛，下部长于节间，而上部短于节间；叶舌薄膜质；叶片扁平，幼嫩时微粗糙，长6~30厘米，宽1~1.8厘米。圆锥花序紧密狭窄，长8~15厘米，分枝直向上举，密生小穗；颖沿脊上粗糙，上部有极狭的翼；孕花外稃宽披针形，长3~4毫米，上部有柔毛；内稃舟形，背具1脊，脊的两侧疏生柔毛；花药长2~2.5毫米；不孕外稃2枚，退化为线形，具柔毛。

物种分布：我国长江流域及其以北广布。长荡湖湖区及沟渠岸边常见。

花序

果期

拂子茅 *Calamagrostis epigeios* (L.) Roth

科属: 禾本科 Gramineae　拂子茅属 *Calamagrostis*

特征简介: 多年生。具根状茎;秆直立,平滑无毛或花序下稍粗糙,高 45~100 厘米。叶鞘平滑或稍粗糙;叶舌膜质,长圆形,先端易破裂;叶片扁平或边缘内卷。圆锥花序紧密,圆筒形,劲直,具间断,长 10~30 厘米,分枝粗糙,直立或斜向上升;两颖近等长或第 2 颖微短;外稃透明膜质,长约为颖之半,顶端具 2 齿,基盘的柔毛几与颖等长,芒自稃体背中部附近伸出,细直;内稃长约为外稃的 2/3,顶端具细齿裂;小穗轴不延伸于内稃之后;雄蕊 3 枚,花药黄色。

物种分布: 遍及我国,欧亚大陆温带地区皆有。长荡湖田埂常见。

花期

果期

棒头草 *Polypogon fugax* Nees ex Steud.

科属: 禾本科 Gramineae　棒头草属 *Polypogon*

特征简介: 一年生。秆丛生,基部膝曲,大多光滑,高 10~75 厘米。叶鞘光滑无毛,大多短于或下部长于节间;叶舌膜质,长圆形,常 2 裂或顶端具不整齐裂齿;叶片扁平,微粗糙或下面光滑。圆锥花序穗状,长圆形或卵形,较疏松,具缺刻或有间断,分枝长可达 4 厘米;小穗长约 2.5 毫米(包括基盘),灰绿色或部分带紫色;颖长圆形,疏被短纤毛,先端 2 浅裂,芒从裂口处伸出,细直,微粗糙;外稃光滑,先端具微齿,中脉延伸成长约 2 毫米而易脱落的芒;雄蕊 3 枚。颖果椭圆形。

物种分布: 产于我国南北各地,亚洲其他国家也有。长荡湖周边田埂、荒地常见。

群聚

花序

菵草 *Beckmannia syzigachne* (Steud.) Fern.

科属：禾本科 Gramineae　菵草属 *Beckmannia*

特征简介：一年生。秆直立，高 15~90 厘米，具 2~4 节。叶鞘无毛，多长于节间；叶舌透明膜质，叶片扁平，粗糙或下面平滑。圆锥花序长 10~30 厘米，分枝稀疏，直立或斜升；小穗扁平，圆形，灰绿色，常含 1 朵小花，长约 3 毫米；颖草质，边缘质薄，白色，背部灰绿色，具淡色横纹；外稃披针形，具 5 脉，常具伸出颖外的短尖头；花药黄色，长约 1 毫米。颖果黄褐色，长圆形，先端具丛生短毛。

物种分布：产于我国各地，广布于全世界。长荡湖周围荒地常见，常与棒头草混群。

群聚

小穗

看麦娘 *Alopecurus aequalis* Sobol.

科属：禾本科 Gramineae　看麦娘属 *Alopecurus*

特征简介：一年生。秆少数丛生，光滑，节处常膝曲，高 15~40 厘米。叶鞘光滑，短于节间；叶舌膜质，叶片扁平。圆锥花序圆柱状，长 2~7 厘米，宽 3~6 毫米；小穗椭圆形，长 2~3 毫米；颖膜质，基部互相连合，具 3 脉，脊上有细纤毛，侧脉下部有短毛；外稃膜质，先端钝，等大或稍长于颖，下部边缘互相连合，芒长 1.5~3.5 毫米，隐藏或稍外露；花药橙黄色。颖果长约 1 毫米。

物种分布：产于我国大部分省区，欧亚大陆寒温和暖温地区与北美也有分布。长荡湖周边农田早春常见。

群聚

小穗

日本看麦娘 *Alopecurus japonicus* Steud.

科属: 禾本科 Gramineae　看麦娘属 *Alopecurus*

特征简介: 一年生。秆少数丛生,直立或基部膝曲,高20~50厘米。叶鞘松弛,叶舌膜质,叶片上面粗糙,下面光滑。圆锥花序圆柱状,长3~10厘米,宽4~10毫米;小穗长圆状卵形,长5~6毫米;颖仅基部互相连合,具3脉,脊上具纤毛;外稃略长于颖,芒长8~12毫米,近稃体基部伸出,上部粗糙,中部稍膝曲;花药色淡或白色,长约1毫米。颖果半椭圆形,长2~2.5毫米。

物种分布: 产于我国广东、浙江、江苏、湖北、陕西诸省,日本、朝鲜也有。长荡湖周边农田早春常见。

与看麦娘混群

知风草 *Eragrostis ferruginea* (Thunb.) Beauv.

科属: 禾本科 Gramineae　画眉草属 *Eragrostis*

特征简介: 多年生。秆丛生或单生,直立或基部膝曲,高30~110厘米,粗壮。叶鞘两侧极压扁,基部相互跨覆,均较节间为长,光滑无毛,鞘口与两侧密生柔毛,通常在叶鞘的主脉上生有腺点;叶舌退化为1圈短毛;叶片平展或折叠,上部叶超出花序之上。圆锥花序大而开展,分枝节密,每节生枝1~3个,向上,枝腋间无毛;小穗长圆形,多带黑紫色,有时也出现黄绿色;颖开展。颖果棕红色,长约1.5毫米。

物种分布: 产于我国南北各地,东亚及南亚广布。长荡湖周边为常见路旁杂草。

果期

画眉草 *Eragrostis pilosa* (L.) Beauv.

科属：禾本科Gramineae　画眉草属*Eragrostis*

特征简介：一年生。秆丛生，直立或基部膝曲，高15~60厘米，通常具4节，光滑。叶鞘松裹茎，长于或短于节间，扁压，鞘缘近膜质，鞘口有长柔毛；叶舌为1圈纤毛；叶片线形扁平或卷缩。圆锥花序开展或紧缩，分枝单生，簇生或轮生，多直立向上，腋间有长柔毛，小穗具柄，含4~14朵小花；颖为膜质，披针形，先端渐尖。第1外稃广卵形，先端尖，具3脉；内稃稍作弓形弯曲，脊上有纤毛，迟落或宿存；雄蕊3枚。颖果长圆形。

物种分布：产于我国各地，全世界温暖地区皆有。长荡湖周边路旁常见。

果期

大画眉草 *Eragrostis cilianensis* (All.) Link ex Vignolo-Lutati

科属：Gramineae　画眉草属*Eragrostis*

特征简介：一年生。秆粗壮，高30~90厘米，直立丛生，基部常膝曲，具3~5节，节下有1圈明显的腺体。叶鞘疏松裹茎，脉上有腺体，鞘口具长柔毛；叶舌为1圈成束的短毛；叶片线形扁平，伸展，叶脉上与叶缘均有腺体。圆锥花序长圆形或尖塔形，长5~20厘米，分枝粗壮，单生，上举，腋间具柔毛，小枝和小穗柄上均有腺体；小穗长圆形或卵状长圆形，墨绿色带淡绿色或黄褐色，小穗常密集簇生；颖近等长，第1外稃暗绿色而有光泽；内稃宿存，稍短于外稃，脊上具短纤毛。本种可作青饲料或晒制牧草。颖果近圆形。

物种分布：产于我国各地，全世界热带和温带地区广布。长荡湖大涪山山脚有分布。

植株

乱草 *Eragrostis japonica* (Thunb.) Trin.

科属：禾本科 Gramineae　画眉草属 *Eragrostis*

特征简介：一年生。秆直立或膝曲丛生，具3~4节。叶鞘一般比节间长，松裹茎，无毛；叶片平展，光滑无毛。圆锥花序长圆形，整个花序常超过植株一半以上，分枝纤细，簇生或轮生，腋间无毛。小穗柄长1~2毫米；小穗卵圆形，长1~2毫米，有4~8朵小花，成熟后紫色，自小穗轴由上而下逐节断落；颖近等长；第1外稃广椭圆形，先端钝，具3脉，侧脉明显；内稃先端为3齿，具2脊，脊上疏生短纤毛。雄蕊2枚，花药长约0.2毫米。颖果棕红色并透明，卵圆形。

成熟穗

物种分布：我国长江流域及其以南均有分布。长荡湖周边为常见农田杂草。

千金子 *Leptochloa chinensis* (L.) Nees

科属：禾本科 Gramineae　千金子属 *Leptochloa*

特征简介：一年生。秆直立，基部膝曲或倾斜，高30~90厘米，平滑无毛。叶鞘无毛，大多短于节间；叶舌膜质，长1~2毫米，常撕裂具小纤毛；叶片扁平或多少卷折，先端渐尖，两面微粗糙或下面平滑。圆锥花序长10~30厘米，分枝及主轴均微粗糙；小穗多带紫色，含3~7朵小花；颖具1脉，脊上粗糙；外稃顶端钝，无毛或下部被微毛，第1外稃长约1.5毫米；花药长约0.5毫米。颖果长圆球形，长约1毫米。

物种分布：我国秦岭以南广泛分布，亚洲东南部也有。长荡湖周边农田、沟渠、路旁均有，可耐夏季淹水。

果期

小穗

虮子草 *Leptochloa panicea* (Retz.) Ohwi

科属:禾本科 Gramineae　千金子属 *Leptochloa*

特征简介:一年生。秆较细弱,高 30~60 厘米。叶鞘疏生有疣基的柔毛;叶舌膜质,多撕裂,或顶端作不规则齿裂;叶片质薄,扁平,无毛或疏生疣毛。圆锥花序长 10~30 厘米,分枝细弱,微粗糙;小穗灰绿色或带紫色,含 2~4 朵小花;颖膜质,具 1 脉,脊上粗糙,第 1 颖较狭窄,顶端渐尖,长约 1 毫米,第 2 颖较宽,长约 1.4 毫米;外稃具 3 脉,脉上被细短毛,第 1 外稃长约 1 毫米,顶端钝;内稃稍短于外稃,脊上具纤毛;花药长约 0.2 毫米。颖果圆球形。

物种分布:广布于我国秦岭以南,全球热带和亚热带地区也有分布。长荡湖周边路旁偶见。

花序

牛筋草 *Eleusine indica* (L.) Gaertn.

科属:禾本科 Gramineae　穇属 *Eleusine*

特征简介:一年生草本。根系极发达。秆丛生,基部倾斜,高 10~90 厘米。叶鞘两侧压扁而具脊,松弛,无毛或疏生疣毛;叶舌长约 1 毫米;叶片平展,线形,无毛或上面被疣基柔毛。穗状花序 2~7 枚指状着生于秆顶,很少单生;小穗含 3~6 朵小花;颖披针形,具脊,脊粗糙,第 1 颖长 1.5~2 毫米,第 2 颖长 2~3 毫米;第 1 外稃长 3~4 毫米,卵形,膜质,具脊,脊上有狭翼,内稃短于外稃,具 2 脊,脊上有狭翼。囊果卵形,具明显的波状皱纹。

物种分布:产于我国南北各省,分布于全世界温带和热带地区。长荡湖周边为常见路旁杂草。

群聚

狗牙根 *Cynodon dactylon* (L.) Pers.

科属:禾本科Gramineae 狗牙根属*Cynodon*

特征简介:低矮草本。具根茎;秆细而坚韧,下部匍匐地面蔓延伸长,节上常生不定根,直立部分高10~30厘米,光滑无毛,有时略两侧压扁。叶鞘微具脊,无毛或有疏柔毛,鞘口常具柔毛;叶舌仅为1轮纤毛;叶片线形,通常两面无毛。穗状花序3~5枚,长2~5厘米;小穗灰绿色或带紫色,含1朵小花;外稃舟形,具3脉,背部明显成脊,脊上被柔毛;内稃与外稃近等长,具2脉。鳞被上缘近截平;花药淡紫色;子房无毛,柱头紫红色。颖果长圆柱形。

物种分布:广布于我国黄河以南各省,全世界温暖地区均有。长荡湖周边为常见路旁杂草。

群聚

花序

鼠尾粟 *Sporobolus fertilis* (Steud.) W. D. Clayt.

科属:禾本科Gramineae 鼠尾粟属*Sporobolus*

果期

特征简介:多年生。须根较粗壮且较长。秆直立,丛生,高25~120厘米,质较坚硬,平滑无毛。叶鞘疏松裹茎;叶舌极短,纤毛状;叶片质较硬,平滑无毛。圆锥花序较紧缩呈线形,常间断,或稠密近穗形,分枝稍坚硬,直立,与主轴贴生或倾斜,小穗密集着生其上;小穗灰绿色且略带紫色;颖膜质,第1颖小,先端尖或钝,具1脉;外稃等长于小穗,先端稍尖,具1条中脉及2条不明显侧脉;雄蕊3枚,花药黄色。囊果成熟后红褐色。

物种分布:我国黄河流域以南皆有,中南半岛、印度、东南亚诸岛也有。长荡湖地区路旁常见。

果穗

假俭草 *Eremochloa ophiuroides* (Munro) Hack.

科属：禾本科 Gramineae　　蜈蚣草属 *Eremochloa*

特征简介：多年生草本。具强壮的匍匐茎。秆斜升，高约20厘米。叶鞘压扁，多密集跨生于秆基，鞘口常有短毛；叶片条形，顶端钝，无毛。总状花序顶生，稍弓曲，压扁，长4~6厘米，宽约2毫米，总状花序轴节间具短柔毛。无柄小穗长圆形，覆瓦状排列于总状花序轴一侧；第1颖硬纸质，顶端具宽翅，第2颖舟形，厚膜质，具3脉；第1外稃膜质，近等长；第2小花2性，外稃顶端钝；花药长约2毫米；柱头红棕色。有柄小穗退化或仅存小穗柄，披针形，长约3毫米，与总状花序轴贴生。
物种分布：我国长江流域及其以南广布，中南半岛也有。长荡湖湖堤、田埂常见。

花序

果期

结缕草 *Zoysia japonica* Steud.

科属：禾本科 Gramineae　　结缕草属 *Zoysia*

特征简介：多年生草本。具横走根茎，须根细弱。秆直立，高15~20厘米，基部常有宿存枯萎的叶鞘。叶鞘无毛，叶舌纤毛状，表面疏生柔毛，背面近无毛。总状花序呈穗状，小穗柄通常弯曲，长可达5毫米；小穗卵形，淡黄绿色或带紫褐色；第1颖退化，第2颖质硬，略有光泽，具1脉，顶端钝头或渐尖，于近顶端处由背部中脉延伸成小刺芒；外稃膜质，长圆形，长2.5~3毫米；雄蕊3枚，花丝短，花柱2个，柱头帚状，开花时伸出稃体外。颖果卵形。

物种分布：我国除西部高原以外，南北各省皆有，日本、朝鲜也有。长荡湖湖堤偶见。

群聚

细叶结缕草 *Zoysia pacifica* (Goudswaard) M. Hotta & S. Kuroki

科属：禾本科 Gramineae　　结缕草属 *Zoysia*

群聚

特征简介：多年生草本。具匍匐茎，秆纤细。叶鞘无毛，紧密裹茎；叶舌膜质，顶端碎裂为纤毛状，鞘口具丝状长毛；小穗窄狭，黄绿色，或有时略带紫色，披针形；第1颖退化，第2颖革质，顶端及边缘膜质，具不明显的5脉；外稃与第2颖近等长，具1脉，内稃退化；无鳞被；花柱2个，柱头帚状。颖果与稃体分离。

物种分布：产于我国南部地区，其他地区亦有引种栽培，分布于亚洲热带地区。长荡湖周边作为人工草坪广泛栽培，商品名为天鹅绒。

花期

果期

糠稷 *Panicum bisulcatum* Thunb.

科属：禾本科 Gramineae　　黍属 *Panicum*

特征简介：一年生草本。秆纤细，较坚硬，高 0.5~1 米，直立或基部伏地，节上可生根。叶鞘松弛，边缘被纤毛；叶舌膜质，顶端具纤毛；叶片质薄，狭披针形，几无毛。圆锥花序长 15~30 厘米，分枝纤细，斜举或平展，无毛或粗糙；小穗椭圆形，绿色或有时带紫色，具细柄；第1颖近三角形，基部略微包卷小穗，第2颖与第1外稃同形且等长，均具5脉，外被细毛或后脱落；第1内稃缺，第2外稃椭圆形，顶端尖，表面平滑，光亮，成熟时黑褐色。

物种分布：产于我国东南部、南部、西南部和东北部，中南半岛至大洋洲也有。长荡湖周边荒地常见。

花期

果期

囊颖草 *Sacciolepis indica* (L.) A. Chase

科属：禾本科Gramineae　囊颖草属*Sacciolepis*

果期

特征简介：一年生草本。通常丛生；秆基常膝曲，高20~100厘米，有时下部节上生根。叶鞘具棱脊，短于节间，常松弛；叶舌膜质，顶端被短纤毛；叶片线形，无毛或被毛。圆锥花序紧缩成圆筒状，主轴无毛，具棱，分枝短；小穗卵状披针形，向顶渐尖而弯曲，绿色或染以紫色，无毛或被疣基毛；第1颖基部包裹小穗，第2颖背部囊状，与小穗等长；第1外稃等长于第2颖，第1内稃退化或短小，透明膜质，第2外稃平滑而光亮，长约为小穗的1/2。颖果椭圆形。

物种分布：产于我国华东、华南、西南、中南各省区，印度至日本及大洋洲也有分布。长荡湖大涪山山坡有分布。

求米草 *Oplismenus undulatifolius* (Arduino) Beauv.

科属：禾本科Gramineae　求米草属*Oplismenus*

特征简介：秆纤细，基部平卧地面。叶鞘密被疣基毛；叶舌膜质，短小；叶片扁平，披针形至卵状披针形，基部略圆形而稍不对称，通常具细毛。圆锥花序长2~10厘米，主轴密被疣基长刺柔毛；小穗卵圆形，被硬刺毛，簇生于主轴或部分孪生；颖草质，第1颖顶端具长硬直芒，第2颖较长于第1颖；第1外稃草质，与小穗等长，顶端芒长1~2毫米，第1内稃通常缺；雄蕊3枚；花柱基分离。

物种分布：广布于我国南北各省，分布于世界温带和亚热带地区。长荡湖周边林下常见。

花序

果期

光头稗 *Echinochloa colona* (L.) Link

科属:禾本科 Gramineae   稗属 *Echinochloa*

果穗

特征简介:一年生草本。秆直立;叶鞘压扁而背具脊,无毛;叶舌缺;叶片扁平,线形,无毛。圆锥花序狭窄;主轴具棱。花序分枝长1~2厘米,排列稀疏,直立上升或贴向主轴;小穗卵圆形,具小硬毛,无芒,较规则排列于穗轴一侧;第1小花常中性,第2外稃椭圆形,平滑,光亮,边缘内卷,包着同质的内稃;鳞被2片,膜质。本种花序直立、狭窄,花序分枝不具小分枝,无芒,小穗整齐排列于穗轴一侧。

物种分布:我国黄河流域以南各省皆有,全世界温暖地区皆有分布。长荡湖周边农田水网常见。

水田稗 *Echinochloa oryzoides* (Ard.) Flritsch.

科属:禾本科 Gramineae   稗属 *Echinochloa*

果穗

特征简介:秆粗壮直立,高达1米多。叶鞘及叶片均光滑无毛。叶片扁平,线形,宽1~1.5厘米。圆锥花序长8~15厘米,宽1.5~3厘米,其上分枝常不具小枝;小穗卵状椭圆形,通常无芒或具长不达0.5厘米的短芒;颖草质,第1颖三角形,第2颖等长于小穗;外稃革质,光亮;鳞被2片,膜质,折叠。本种花序直立、狭窄,花序分枝不具小分枝,芒长小于0.5厘米。

物种分布:我国温带、亚热带地区广布,西藏、新疆也有,东南亚至中亚皆产。长荡湖周边农田水网常见。

稗 *Echinochloa crus-galli* (L.) P. Beauv.

科属:禾本科Gramineae 稗属*Echinochloa*

特征简介:一年生。秆高50~150厘米,光滑无毛。叶鞘平滑无毛;叶舌缺;叶片无毛,边缘粗糙。圆锥花序直立,长6~20厘米;主轴具棱,粗糙或具疣基长刺毛;分枝斜上举或贴向主轴,有时再分小枝;穗轴粗糙或生疣基长刺毛;小穗卵形,脉上密被疣基刺毛,具短柄或近无柄,密集分布于穗轴一侧;第1颖三角形,第2颖与小穗等长。本种花序直立、开展,花序分枝具小分枝,芒长0.5~1.5厘米。

物种分布:几乎遍布我国,全世界温暖地区均有。长荡湖周边农田水网常见。

果穗

西来稗 *Echinochloa crus-galli* var. *zelayensis*（Kunth）Hitchcock

科属:禾本科Gramineae 稗属*Echinochloa*

特征简介:稗的变种。秆高50~75厘米;叶片长5~20毫米,宽4~12毫米;圆锥花序直立,长11~19厘米,分枝上不再分枝;小穗卵状椭圆形,长3~4毫米,顶端具小尖头而无芒,脉上无疣基毛,但疏生硬刺毛。本种花序直立、开展,花序分枝不具小分枝,无芒。

物种分布:产于我国华北、华东、西北、华南及西南各省,多生于水边或稻田中,美洲也有分布。长荡湖周边堤坝、田埂偶见。

果穗

无芒稗 *Echinochloa crus-galli* (L.) var. *mitis* (Pursh) Petermann

科属:禾本科 Gramineae　稗属 *Echinochloa*

特征简介:稗的变种。秆高50~120厘米,直立,粗壮;叶片长20~30厘米,宽6~12毫米。圆锥花序直立,长10~20厘米,分枝斜上举而开展,常再分枝;小穗卵状椭圆形,长约3毫米,无芒或具极短芒,芒长常不超过0.5毫米,脉上被疣基硬毛。本种花序直立、开展,花序分枝具小分枝,芒长不超过0.5毫米。

物种分布:产于我国东北、华北、西北、华东、西南及华南等省,全世界温暖地区均布。长荡湖周边农田水网常见。

长芒稗 *Echinochloa caudata* Roshev.

科属:禾本科 Gramineae　稗属 *Echinochloa*

特征简介:秆高1~2米。叶鞘无毛或常有疣基毛,或仅有粗糙毛或仅边缘有毛;叶舌缺;叶片线形,长10~40厘米,宽1~2厘米,两面无毛,边缘增厚而粗糙。圆锥花序稍下垂,长10~25厘米,宽1.5~4厘米;主轴粗糙,具棱,疏被疣基长毛;分枝密集,常再分小枝;小穗卵状椭圆形,常带紫色,脉上具硬刺毛;第1外稃草质,内稃膜质,第2外稃革质,边缘包着同质的内稃;雄蕊3枚;花柱基分离。本种花序下垂,小穗卵状椭圆形,芒长可达5厘米,穗直径可达4厘米。

物种分布:东亚温带地区广布。长荡湖及围堰堤坝近水侧常见。

孔雀稗 *Echinochloa cruspavonis* (H. B. K.) Schult.

科属:禾本科 Gramineae　稗属 *Echinochloa*

特征简介:秆粗壮,基部倾斜而节上生根,高1~2米。叶鞘疏松裹秆,光滑,无毛;叶片两面无毛,边缘增厚而粗糙。圆锥花序下垂,长15~25厘米,分枝上再具小枝;小穗卵状披针形,带紫色,脉上无疣基毛;第1颖三角形,第2颖与小穗等长;鳞被2片,折叠;花柱基分离。颖果椭圆形,长约2毫米。本种花序下垂,小穗卵状披针形,穗直径一般不超过2厘米。

物种分布:我国长江流域以南广布,全世界热带地区皆有。长荡湖上黄围堰区有分布。

果穗

野黍 *Eriochloa villosa* (Thunb.) Kunth

科属:禾本科 Gramineae　野黍属 *Eriochloa*

果期

特征简介:一年生草本。秆直立,基部分枝,稍倾斜。叶鞘无毛或被毛或鞘缘一侧被毛,松弛包茎,节具髭毛;叶片表面具微毛,背面光滑,边缘粗糙。圆锥花序狭长,由4~8枚总状花序组成;总状花序长1.5~4厘米,密生柔毛,常排列于主轴一侧;小穗卵状椭圆形,小穗柄极短,密生长柔毛;第1颖微小,第2颖与第1外稃皆为膜质,等长于小穗;雄蕊3枚;花柱分离。颖果卵圆形。

物种分布:我国除西部高原以外皆有分布,日本、印度也有。长荡湖上黄围堰区有分布。

双穗雀稗 *Paspalum distichum* L.

科属:禾本科 Gramineae　雀稗属 *Paspalum*

特征简介:多年生。匍匐茎横走、粗壮,节生柔毛。叶鞘短于节间,背部具脊,边缘或上部被柔毛;叶舌无毛;叶片披针形,无毛。总状花序2枚对连,长2~6厘米;穗轴宽1.5~2毫米;小穗倒卵状长圆形疏生微柔毛;第1颖退化或微小,第2颖贴生柔毛;第1外稃具3~5脉,顶端尖,第2外稃草质,等长于小穗,黄绿色,被毛。

物种分布:我国长江流域及其以南广布,全世界热带、亚热带地区皆有。长荡湖湖畔及农田水网常见。

花序

雀稗 *Paspalum thunbergii* Kunth ex Steud.

科属:禾本科Gramineae　雀稗属*Paspalum*

特征简介:多年生。秆直立,丛生,高50~100厘米,节被长柔毛。叶鞘具脊,长于节间,被柔毛;叶舌膜质;叶片线形,两面被柔毛。总状花序3~6枚,长5~10厘米,互生于长3~8厘米的主轴上,形成总状圆锥花序,分枝腋间具长柔毛;第2颖与第1外稃相等,边缘有明显微柔毛;第2外稃等长于小穗,革质,具光泽。

物种分布:我国长江流域及其以南广布,日本、朝鲜也有。长荡湖大涪山山脚有分布。

叶鞘

果穗

止血马唐 *Digitaria ischaemum* (Schreb.) Schreb.

科属:禾本科Gramineae　马唐属*Digitaria*

特征简介:一年生。秆高15~40厘米,下部常有毛。叶鞘具脊,无毛或疏生柔毛;叶片常少生长柔毛。总状花序具白色中肋,两侧翼缘粗糙;小穗卵圆形,2~3枚着生于各节;第1颖不存在,第2颖等长或稍短于小穗;第1外稃脉间及边缘具细柱状棒毛与柔毛,第2外稃成熟后紫褐色。本种一般不超过9厘米,小穗卵圆形被柔毛。

物种分布:我国长江流域以北广泛分布,新疆、西藏也有,欧亚温带地区广布。长荡湖周边为常见路旁杂草。

果期

升马唐 *Digitaria ciliaris* (Retz.) Koel.

科属:禾本科 Gramineae　马唐属 *Digitaria*

特征简介:一年生。叶鞘常少具柔毛。总状花序 5~8 枚,长 5~12 厘米,呈指状排列于茎顶;小穗披针形,长 3~3.5 毫米,孪生于穗轴一侧;小穗柄微粗糙,顶端截平;第 1 外稃等长于小穗,第 2 外稃椭圆状披针形,革质,黄绿色或带铅色,顶端渐尖,等长于小穗。花药长 0.5~1 毫米。本种小穗为披针形,似红尾翎但植株更高大、叶片更长,总状花序 5~8 枚。

物种分布:产于我国南北各省,广泛分布于世界的热带、亚热带地区。长荡湖周边为常见路旁杂草。

花期

红尾翎 *Digitaria radicosa* (Presl) Miq.

科属:禾本科 Gramineae　马唐属 *Digitaria*

特征简介:一年生。叶鞘无毛或散生柔毛;叶片较小,披针形。总状花序 2~3(~4)枚,着生于长 1~2 厘米的主轴上,穗轴具翼,无毛,边缘近平滑至微粗糙;小穗狭披针形;第 1 外稃等长于小穗,具 5~7 脉,中脉与其两侧的脉间距离较宽,侧脉及边缘生柔毛,第 2 外稃黄色,厚纸质;花药 3 枚。本种叶片短,长仅 2~6 厘米,总状花序多数 2~3 枚,有时带紫色。

物种分布:产于我国长江流域以南诸省,东半球热带地区广布。长荡湖周边路旁常见。

群聚

马唐 *Digitaria sanguinalis* (L.) Scop.

科属:禾本科 Gramineae 马唐属 *Digitaria*

特征简介:一年生。秆直立或下部倾斜。叶鞘无毛或散生柔毛;总状花序 4~12 枚呈指状着生于长 1~2 厘米的主轴上;穗轴直伸或开展,两侧具宽翼;小穗椭圆状披针形;第 1 颖小,短三角形,无脉,第 2 颖具 3 脉,披针形;第 1 外稃等长于小穗,第 2 外稃近革质,灰绿色。本种总状花序有 4~12 枚,细长,可达 18 厘米,第 1 外稃边脉上部有小刺状粗糙。

物种分布:我国华东、华北及西部高原皆有分布,广布于全球温带和亚热带地区。长荡湖大涪山山坡有分布。

大狗尾草 *Setaria faberi* R. A. W. Herrmann

科属:禾本科 Gramineae 狗尾草属 *Setaria*

特征简介:一年生。通常具支柱根,秆粗壮而高大,光滑无毛。叶鞘松弛,边缘具细纤毛;叶舌具密集的纤毛;叶片线状披针形,边缘具细锯齿。圆锥花序紧缩呈圆柱状,通常垂头,主轴具较密长的柔毛;小穗椭圆形,下托以 1~3 枚较粗而直的刚毛;第 1 外稃与小穗等长,具 5 脉,内稃膜质,披针形;第 2 外稃与第 1 外稃等长,具细横皱纹,顶端尖,成熟后背部极膨胀隆起;花柱基部分离;颖果椭圆形,顶端尖。

物种分布:我国大部分省份均有分布,日本也有。长荡湖周边路旁、堤坝等生境常见。

狗尾草 *Setaria viridis* (L.) Beauv.

科属:禾本科Gramineae 狗尾草属*Setaria*

特征简介:一年生。根为须状,高大植株具支持根。秆直立或基部膝曲。叶片长三角状狭披针形或线状披针形。圆锥花序紧密呈圆柱状或基部稍疏离,直立或稍弯垂,主轴被较长柔毛;小穗2~5个簇生于主轴上,椭圆形,铅绿色;第1外稃与小穗等长,第2外稃椭圆形,顶端钝,具细点状皱纹,边缘内卷,狭窄;颖果灰白色。

物种分布:我国各地皆有,全世界温带和亚热带地区皆有分布。长荡湖周边路旁、堤坝常见。

群聚

金色狗尾草 *Setaria pumila* (Poiret) Roemer & Schultes

科属:禾本科Gramineae 狗尾草属*Setaria*

特征简介:一年生。单生或丛生;秆直立或基部倾斜膝曲,光滑无毛。叶鞘下部扁压具脊,光滑无毛;叶舌具1圈长约1毫米的纤毛,叶片上面粗糙,下面光滑,近基部疏生长柔毛。圆锥花序紧密呈圆柱状或狭圆锥状,直立,主轴具短细柔毛,刚毛金黄色或稍带褐色,粗糙,第1外稃与小穗等长或微短,鳞被楔形;花柱基部连合。

物种分布:产于我国各地,分布于欧亚大陆的温暖地带。长荡湖周边路旁、堤坝常见。

花序

果期

狼尾草 *Pennisetum alopecuroides* (L.) Spreng.

科属:禾本科Gramineae　狼尾草属*Pennisetum*

特征简介:多年生。须根较粗壮;秆直立,丛生,在花序下密生柔毛。叶鞘光滑,两侧压扁;叶舌具纤毛;叶片基部生疣毛。圆锥花序直立,主轴密生柔毛;刚毛粗糙,淡绿色或紫色;小穗通常单生,线状披针形;第1颖微小或缺,膜质,第2颖卵状披针形,长约为小穗的1/3~2/3。颖果长圆形。

物种分布:我国南北大部分省份皆有分布,亚洲及大洋洲、非洲也有。长荡湖周边路旁、堤坝、林缘等生境偶见。

竹叶茅 *Microstegium nudum* (Trin.) A. Camus

科属:禾本科Gramineae　莠竹属*Microstegium*

特征简介:一年生蔓生草本。秆较细弱,下部节上生根,具分枝。叶鞘上部边缘及鞘口具纤毛;叶片边缘微粗糙。总状花序3~5枚着生于长1~2厘米无毛的主轴上;总状花序细弱,两侧边缘微粗糙,每节着生1个有柄与1个无柄小穗;第1颖背部具1浅沟,具2脊,第2颖背部近圆形;第1外稃膜质,第2外稃线形;雄蕊2枚。颖果长圆形。本种与柔枝莠竹相似,区别在于叶鞘内无隐藏小穗。

物种分布:我国温带、亚热带各省均有分布,西藏也有,西亚至非洲、大洋洲皆有分布。长荡湖大涪山林缘有分布。

柔枝莠竹 *Microstegium vimineum* (Trin.) A. Camus

科属:禾本科 Gramineae　莠竹属 *Microstegium*

特征简介:一年生草本。秆下部匍匐地面,节上生根,高达1米,多分枝,无毛。叶鞘短于其节间,鞘口具柔毛;叶舌截形,背面生毛;叶片边缘粗糙,中脉白色。总状花序2~6枚,长约5厘米,近指状排列于长5~6毫米的主轴上,总状花序轴节间稍短于其小穗,较粗而压扁,生微毛,边缘疏生纤毛;第1颖背部有凹沟,贴生微毛,第2颖沿中脉粗糙,无芒;雄蕊3枚。颖果长圆形。本种与莠竹 *M. nodosum* 相似,但小穗无芒。

物种分布:我国温带及亚热带各省皆有,印度、中南半岛及菲律宾也有。长荡湖周边菜地边缘有分布。

果期

花期

荻 *Miscanthus sacchariflorus* (Maxim.) Hackel

科属:禾本科 Gramineae　芒属 *Miscanthus*

特征简介:多年生。具发达被鳞片的长匍匐根状茎,节处生有粗根与幼芽。秆直立,具10多节,节生柔毛。叶鞘下部长于节间,上部可稍短于节间;叶舌短,具纤毛;叶片边缘锯齿状粗糙,基部常收缩成柄,中脉白色。圆锥花序疏展成伞房状;主轴无毛;第1颖2脊间具1脉或无脉,第2颖与第1颖近等长,有3脉;雄蕊3枚,柱头紫黑色。颖果长圆形。

物种分布:我国长江流域及其以北广布,俄罗斯远东及日本也有。长荡湖堤坝偶见。

秆(节生柔毛)

果期

南荻 *Miscanthus lutarioriparius* L. Liu ex Renvoize & S. L. Chen

科属：禾本科 Gramineae　芒属 *Miscanthus*

特征简介：多年生高大竹状草本。具十分发达的根状茎；秆直立，深绿色或带紫色至褐色，有光泽，常被蜡粉，成熟后宿存；节部膨大，秆环隆起，及其芽均无毛，上部节（30节以上）具长约1米的分枝。叶鞘淡绿色，无毛；叶片边缘锯齿较短。圆锥花序大型，由100枚以上的总状花序组成，稠密，腋间无毛。颖果黑褐色，顶端具宿存的二叉状花柱基。

物种分布：产于我国长江中下游以南各省。长荡湖水城及上黄均有分布。

秆　果穗

斑茅 *Saccharum arundinaceum* Retz.

科属：禾本科 Gramineae　甘蔗属 *Saccharum*

特征简介：多年生高大丛生草本。秆粗壮，高2~4(~6)米，直径1~2厘米，具多数节，无毛。叶鞘长于节间，基部或上部边缘和鞘口具柔毛；叶片宽大，线状披针形，长1~2米，宽2~5厘米，中脉粗壮，边缘锯齿状粗糙。圆锥花序大型，稠密，主轴无毛；总2颖近等长，草质或稍厚；第1外稃等长或稍短于颖，第2外稃披针形，稍短或等长于颖；柱头紫黑色。

物种分布：我国长江流域及其以南广布，中南半岛及马来西亚也有。长荡湖水城附近湖堤有分布。

秆

群聚

大牛鞭草 *Hemarthria altissima* (Poir.) Stapf et C. E. Hubb.

科属:禾本科 Gramineae　牛鞭草属 *Hemarthria*

特征简介:多年生草本。具长而横走的根茎,秆一侧有槽。叶鞘边缘膜质,鞘口具纤毛;叶舌膜质,白色,上缘呈撕裂状;叶片线形,两面无毛。总状花序单生或簇生。无柄小穗卵状披针形,长5~8毫米;第1颖草质,等长于小穗,第2颖厚纸质,贴生于总状花序轴凹穴。第2颖完全游离于总状花序轴;第1小花中性,仅存膜质外稃,第2小花2稃均为膜质。

物种分布:我国除西部高原以外皆有分布,北非、欧洲也有。长荡湖湖堤近水侧常见。

群聚

花序

荩草 *Arthraxon hispidus* (Trin.) Makino

科属:禾本科 Gramineae　荩草属 *Arthraxon*

特征简介:一年生。秆细弱,无毛,基部倾斜,具多节,常分枝,基部节着地易生根。叶鞘短于节间,生短硬疣毛;叶舌膜质,边缘具纤毛;叶片卵状披针形,基部心形抱茎。总状花序细弱,2~10枚呈指状排列或簇生于秆顶;总状花序轴节间无毛。无柄小穗卵状披针形,两侧压扁,灰绿色或带紫色;第1颖草质,第2颖近膜质,与第1颖等长,舟形;第1外稃长圆形,第2外稃与第1外稃等长,透明膜质;芒长6~9毫米,下部扭转;雄蕊2枚。颖果长圆形。

物种分布:我国各地及欧洲、亚洲、非洲的温暖区域广布。长荡湖田埂、菜地常见。

群聚

果穗

苏丹草 *Sorghum sudanense* (Piper) Stapf

科属:禾本科Gramineae 高粱属*Sorghum*

特征简介:一年生草本。须根粗壮;秆高1~2.5米,直径3~6毫米,单生或自基部发出数至多秆而丛生。叶鞘无毛,或基部及鞘口具柔毛;叶舌硬膜质,棕褐色,顶端具毛;叶片长15~30厘米,宽1~3厘米,中脉粗,在背面隆起。圆锥花序狭长卵形至塔形,较疏松,主轴具棱,棱间具浅沟槽,分枝斜升,开展,细弱而弯曲。无柄小穗长椭圆形,第1颖纸质,边缘内折,第2颖背部圆凸;第1外稃椭圆状披针形,透明膜质,第2外稃卵形或卵状椭圆形;雄蕊3枚。颖果椭圆形至倒卵状椭圆形。

物种分布:原产于非洲,现世界各国皆有引种栽培。长荡湖围堰堤坝常见栽培。

花期

花序

金鱼藻 *Ceratophyllum demersum* L.

科属:金鱼藻科Geratophyllaceae 金鱼藻*Ceratophyllum*

特征简介:多年生沉水草本。茎平滑,具分枝。叶4~12轮生,1~2次二叉状分歧,裂片丝状或丝状条形,长1.5~2厘米,宽0.1~0.5毫米,先端带白色软骨质,边缘仅一侧有数细齿。花直径约2毫米;苞片9~12枚,条形,浅绿色,透明,先端有3齿及带紫色毛;雄蕊10~16枚,微密集;子房卵形,花柱钻状。坚果宽椭圆形,黑色,平滑,边缘无翅,有3刺,顶生刺先端具钩,基部2刺向下斜伸。

物种分布:全世界广泛分布。长荡湖静水水域常见。

群聚

越冬芽

紫堇 *Corydalis edulis* Maxim.

科属:罂粟科Papaveraceae　紫堇属*Corydalis*

特征简介:一年生灰绿色草本。具主根;基生叶具长柄,上面绿色,下面苍白色,1~2回羽状全裂,1回羽片2~3对,具短柄。茎生叶与基生叶同形。总状花序疏具3~10朵花。苞片狭卵圆形至披针形,渐尖,全缘,有时下部疏具齿,约与花梗等长或稍长。萼片小,近圆形,具齿。花粉红色至紫红色,平展。外花瓣较宽展,顶端微凹。距圆筒形,基部稍下弯,约占花瓣全长的1/3;柱头横向纺锤形,两端各具1个乳突。蒴果线形,下垂。

物种分布:分布于我国华北、华东、华中、西南地区,日本也有。长荡湖大涪山有分布。

花期

刻叶紫堇 *Corydalis incisa* (Thunb.) Pers.

科属:罂粟科Papaveraceae　紫堇属*Corydalis*

植株

特征简介:灰绿色直立草本。高15~60厘米,根茎短而肥厚。茎不分枝或少分枝。叶具长柄,基部具鞘,叶片2回3出。总状花序长3~12厘米,多花,先密集,后疏离。苞片约与花梗等长,菱形或楔形,具缺刻状齿。萼片小,丝状深裂。花紫红色至紫色,稀淡蓝色至苍白色,平展。外花瓣顶端圆钝,平截至多少下凹,顶端稍后具陡峭的鸡冠状突起。距圆筒形,近直,约与瓣片等长或稍短。柱头近扁四方形。蒴果线形至长圆形。

物种分布:我国黄河流域及其以南广布,日本、朝鲜也有。长荡湖南部堤坝偶见。

夏天无 *Corydalis decumbens* (Thunb.) Pers.

科属:罂粟科 Papaveraceae   紫堇属 *Corydalis*
别名:伏生紫堇

特征简介:块茎小,圆形或多少伸长。茎高 10~25 厘米,不分枝,具 2~3 叶。叶 2 回 3 出,小叶片倒卵圆形,全缘或深裂成卵圆形或披针形裂片。总状花序疏具 3~10 朵花。苞片小,卵圆形,全缘。花近白色至淡粉红色或淡蓝色。萼片早落。外花瓣顶端下凹,常具狭鸡冠状突起。距稍短于瓣片,渐狭,平直或稍上弯。下花瓣宽匙形。内花瓣具超出顶端的宽而圆的鸡冠状突起。蒴果线形,多少扭曲。

物种分布:我国长江流域各省、福建、台湾皆有,日本也有分布。长荡湖大涪山有分布。

虞美人 *Papaver rhoeas*

科属:罂粟科 Papaveraceae   罂粟属 *Papaver*

特征简介:一年生草本。全株被伸展的刚毛,稀无毛。茎直立,高 25~90 厘米,具分枝,被淡黄色刚毛。叶互生,羽状分裂,下部全裂,上部深裂或浅裂,两面被淡黄色刚毛。花单生于茎和分枝顶端;花梗长 10~15 厘米,被淡黄色平展的刚毛。花蕾长圆状倒卵形,下垂;萼片 2 片,绿色;花瓣 4 片,全缘,紫红色;雄蕊多数,花丝丝状,深紫红色;柱头 5~18 个,辐射状,连合成扁平、边缘圆齿状的盘状体。蒴果宽倒卵形,无毛。本种似罂粟,但本种叶片深裂,全株被毛,而罂粟叶片浅裂或不裂,全株无毛,可据此区分。

物种分布:原产于欧洲,我国各地常见栽培。长荡湖水城有栽培。

千金藤 *Stephania japonica* (Thunb.) Miers

科属：防己科Menispermaceae　千金藤属*Stephania*

特征简介：木质藤本。全株无毛；根条状，褐黄色；小枝纤细，有直线纹。叶纸质或坚纸质，通常三角状近圆形或三角状阔卵形，长与宽近相等或略小，顶端有小凸尖，基部通常微圆，下面粉白；掌状脉约10~11条；叶柄明显盾状着生。复伞形聚伞花序腋生，通常有伞梗4~8条，小聚伞花序密集呈头状；花近无梗，雄花花瓣3或4片，黄色，稍肉质，聚药雄蕊；雌花萼片和花瓣各3~4片，心皮卵状。果倒卵形至近圆形，长约8毫米，成熟时红色；果核背部有2行小横肋状雕纹。

物种分布：我国长江流域及其以南皆有分布，太平洋诸岛及印度、斯里兰卡也有。长荡湖大涪山有分布。

植株

果实

花序

木防己 *Cocculus orbiculatus* (L.) DC.

科属：防己科Menispermaceae　木防己属*Cocculus*

特征简介：木质藤本。叶片纸质至近革质，形状变异极大，多为阔卵状近圆形。聚伞花序少花，腋生，或排成多花，狭窄聚伞圆锥花序，顶生或腋生；雄花有小苞片1或2枚，紧贴花萼，被柔毛；萼片6片；花瓣6片，下部边缘内折，抱着花丝，顶端2裂；雄蕊6枚，比花瓣短；雌花的萼片和花瓣与雄花相同；退化雄蕊6枚，微小；心皮6片，无毛。核果近球形，红色至紫红色。

物种分布：我国除西北及西藏以外大部分地区都有分布，广布于亚洲东南部及夏威夷群岛。长荡湖水城、大涪山有分布。

花期

果期

风龙 *Sinomenium acutum* (Thunb.) Rehd. et Wils.

科属:防己科Menispermaceae　风龙属*Sinomenium*
别名:汉防己

特征简介:木质大藤本。长可达20余米;老茎灰色,树皮有不规则纵裂纹,枝圆柱状。叶革质至纸质,心状圆形至阔卵形,全缘,或有角至5~9裂。圆锥花序长可达30厘米,通常不超过20厘米,花序轴和开展、有时平叉开的分枝均纤细,被柔毛或绒毛。雄花有小苞片2枚,紧贴花萼;萼片背面被柔毛,外轮长圆形至狭长圆形,内轮近卵形;花瓣稍肉质;雌花萼片及花瓣与雄花相似;退化雄蕊丝状;心皮无毛。核果红色至暗紫色。
物种分布:产于我国长江流域及其以南各省,日本也有分布。长荡湖水城香樟林下有分布。

浅裂叶

全缘叶(果期)

十大功劳 *Mahonia fortunei* (Lindl.) Fedde

科属:小檗科Berberidaceae　十大功劳属*Mahonia*
别名:狭叶十大功劳

特征简介:灌木。高0.5~2米;叶倒卵形至倒卵状披针形,具2~5对小叶。总状花序4~10枚簇生;花黄色;外萼片卵形或三角状卵形,中萼片和内萼片均为长圆状椭圆形;花瓣长圆形,基部腺体明显,先端微缺裂,裂片急尖;雄蕊药隔不延伸,顶端平截;无花柱,胚珠2枚。浆果球形,紫黑色,被白粉。
物种分布:产于我国广西、四川、贵州、湖北、江西、浙江等省,其他各省均有栽培。长荡湖水城有栽培。

花期

花

南天竹 *Nandina domestica* Thunb.

科属:小檗科 Berberidaceae　南天竹属 *Nandina*

特征简介:常绿小灌木。茎常丛生而少分枝,高1~3米,光滑无毛,幼枝常为红色,老后呈灰色。叶互生,集生于茎的上部,3回羽状复叶;小叶薄革质,椭圆形或椭圆状披针形,基部楔形,全缘,上面深绿色,冬季变为红色。圆锥花序直立,花小,白色,具芳香;萼片多轮,外轮卵状三角形,向内各轮渐大;花瓣长圆形,雄蕊6枚;子房1室,具1~3枚胚珠。浆果球形,熟时鲜红色,稀时橙红色。

物种分布:我国长江流域及其以南广布,陕西、河南也有,日本也有分布。全国各地园林常见栽培。长荡湖水城有栽培。

花期

果期

茴茴蒜 *Ranunculus chinensis* Bunge

科属:毛茛科 Ranunculaceae　毛茛属 *Ranunculus*

特征简介:一年生草本。须根多数簇生。茎直立粗壮,中空,分枝多,与叶柄均密生开展的淡黄色糙毛。3出复叶,2~3深裂,裂片倒披针状楔形,上部有不等的粗齿或缺刻或2~3裂。花序有较多疏生的花,花梗贴生糙毛;花直径6~12毫米;萼片狭卵形,外面生柔毛;花瓣5片,宽卵圆形,黄色或上面白色,蜜槽有卵形小鳞片;花托在果期显著伸长,圆柱形,长达1厘米,密生白短毛。聚合果长圆形,直径6~10毫米;瘦果扁平。本种全株被毛;瘦果喙极短,花托圆柱形。

物种分布:我国大部分省份皆有分布,印度、朝鲜、日本也有。长荡湖水田及浅水沟渠有分布。

植株

毛茛 *Ranunculus japonicus* **Thunb.**

科属：毛茛科 Ranunculaceae　毛茛属 *Ranunculus*

特征简介：多年生草本。须根多数簇生。茎直立，中空，有槽，具分枝，生开展或贴伏的柔毛。基生叶多数；叶片通常3深裂不达基部；下部叶与基生叶相似，上部叶片变小，3深裂，裂片披针形；最上部叶线形。聚伞花序有多数花，疏散；萼片椭圆形，花瓣5片，基部有长约0.5毫米的爪；花托短小，无毛。聚合果近球形，瘦果扁平，喙短直或外弯。本种植株高大，被毛；基生叶和下部叶片同形，3深裂不达基部。

物种分布：我国除西藏以外各省广布，朝鲜、日本也有。长荡湖周边路旁偶见。

刺果毛茛 *Ranunculus muricatus* **L.**

科属：毛茛科 Ranunculaceae　毛茛属 *Ranunculus*

特征简介：一年生草本。茎高10~30厘米，自基部多分枝，近无毛。基生叶和茎生叶均有长柄；叶3中裂至3深裂，边缘有缺刻状浅裂或粗齿，通常无毛；叶柄基部有膜质宽鞘。花瓣5片，狭倒卵形，基部狭窄成爪，蜜槽上有小鳞片；花托疏生柔毛。聚合果球形，瘦果扁平，椭圆形，周围有宽约0.4毫米的棱翼，两面各生有1圈刺，约10多枚，刺直伸或钩曲，有疣基，喙基部宽厚，顶端稍弯。本种植株矮小，无毛；瘦果宽扁，两面有1圈具疣基的弯刺。

物种分布：原产于欧洲和西亚，我国华东地区归化。长荡湖堤坝、田埂、路旁等地较常见。

肉根毛茛 *Ranunculus polii* Franch. ex Hemsl. et Hemsley

科属:毛茛科 Ranunculaceae　毛茛属 *Ranunculus*

特征简介:一年生草本。须根伸长,全部肉质增厚呈圆柱形,直径1.5~3毫米。茎高5~15厘米,自基部多分枝,铺散,无毛。基生叶多数,3出复叶,小叶卵状菱形,无毛;下部叶与基生叶相似;上部叶近无柄,叶片2回3深裂,末回裂片线形。花单生茎顶和分枝顶端,萼片卵圆形,花瓣5片,黄色,下部渐窄成短爪,蜜槽点状;花托棒状,无毛。聚合果球形,瘦果长圆状球形。本种植株矮小,无毛;须根全部肉质增厚呈圆柱形;叶片细裂。

群聚

物种分布:我国华东地区有分布。长荡湖周边早春季节湖堤、田野常见。

石龙芮 *Ranunculus sceleratus* L.

科属:毛茛科 Ranunculaceae　毛茛属 *Ranunculus*

特征简介:一年生草本。须根簇生;茎直立,高10~50厘米,上部多分枝,无毛或疏生柔毛。基生

花果

叶多数;叶3深裂不达基部。茎生叶多数,下部叶与基生叶相似;上部叶3全裂,裂片披针形至线形,基部膜质抱茎。聚伞花序有多数花;萼片椭圆形,花瓣5片,倒卵形,基部有短爪,蜜槽呈棱状袋穴;花托在果期增大呈圆柱形。聚合果长圆形,瘦果近百枚,紧密排列,倒卵球形,稍扁,喙短至近无。本种全株近无毛,聚合果长圆形,瘦果小而极多,喙极短。

物种分布:我国各地均有分布,北半球温带至亚热带地区广布。长荡湖周边农田水网广布。

扬子毛茛 *Ranunculus sieboldii* Miq.

科属:毛茛科 Ranunculaceae　毛茛属 *Ranunculus*

特征简介:多年生草本。须根伸长簇生。茎铺散,斜升,高 20~50 厘米,下部节触地生根,多分枝,密生开展的白色或淡黄色柔毛。基生叶与茎生叶相似,3 出复叶;叶片 3 浅裂至较深裂,边缘有锯齿;花与叶对生,萼片狭卵形,花期向下反折,迟落;花瓣 5 片,黄色或上面变白色,下部渐窄成长爪,蜜槽小鳞片位于爪的基部;雄蕊 20 余枚;花托粗短,密生白柔毛。聚合果圆球形,瘦果扁平。本种全株被毛、斜卧、节上生根;花序与叶对生,花萼向下反折。

物种分布:我国温带各省皆有,日本也有分布。长荡湖田埂、湖堤常见。

猫爪草 *Ranunculus ternatus* Thunb.

科属:毛茛科 Ranunculaceae　毛茛属 *Ranunculus*

特征简介:一年生草本。簇生多数肉质小块根,块根卵球形或纺锤形,顶端质硬,形似猫爪,直径 3~5 毫米。茎铺散,高 5~20 厘米,多分枝,较柔软,大多无毛。基生叶有长柄;叶片形状多变,单叶或 3 出复叶,宽卵形至圆肾形,小叶 3 浅裂至 3 深裂或多次细裂。茎生叶无柄,全裂或细裂,裂片线形。花单生茎顶和分枝顶端,萼片 5~7 片;花瓣 5~7 片或更多,黄色或后变白色,蜜槽棱形;花托无毛。聚合果近球形,瘦果卵球形,喙细短。本种植株矮小、无毛,有肉质块根;似肉根毛茛,但叶形更宽。

物种分布:我国长江流域及其以南各省皆有分布,日本也有。长荡湖周边早春季节农田常见。

天葵 *Semiaquilegia adoxoides* (DC.) Makino

科属:毛茛科 Ranunculaceae　天葵属 *Semiaquilegia*
别名:千年老鼠屎、紫背天葵

特征简介:多年生草本。块根外皮棕黑色;茎1~5条,高10~32厘米。基生叶多数,为掌状3出复

叶;叶片轮廓卵圆形至肾形,小叶扇状
菱形或倒卵状菱形,3深裂,两面均无
毛;叶柄基部扩大呈鞘状。茎生叶与基
生叶相似,较小。花小,萼片白色,常带
淡紫色,狭椭圆形;花瓣匙形,顶端近截
形,基部突起呈囊状;退化雄蕊约2枚,
线状披针形;心皮无毛。蓇葖卵状长椭
圆形。

物种分布:我国秦岭以南至四川、贵州
各省皆有分布,日本也有。长荡湖大涪
山有分布。

莲 *Nelumbo nucifera* Gaertn.

科属:莲科 Nelumbonaceae　莲属 *Nelumbo*

特征简介:多年生水生草本。根状茎横生,肥厚,节间膨大,有多数通气孔道,节部缢缩,上生黑色
鳞叶。叶圆形,盾状,全缘稍呈波状,上面光滑,具白粉,下面叶脉从中央射出;叶柄粗壮,圆柱形,
长1~2米,中空,外面散生小刺。花梗和叶柄等长或稍长,也散生小刺;花直径10~20厘米,美丽,
芳香;花瓣红色、粉红色或白色,矩圆状椭圆形至倒卵形;花药条形,花丝细长;花柱极短,柱头顶
生;花托(莲房)直径5~10厘米。坚果椭圆形,果皮革质,坚硬,熟时黑褐色。

物种分布:产于我国南北各省,亚洲其他地区及大洋洲也有。长荡湖周边水体常见栽培或
野生。

111

二球悬铃木 *Platanus acerifolia* (Aiton) Willdenow

科属：悬铃木科 Platanaceae　悬铃木属 *Platanus*

别名：法国梧桐、英国梧桐

特征简介：落叶大乔木。高30余米，树皮光滑，大片块状脱落；嫩枝密生灰黄色绒毛；老枝秃净，红褐色。叶阔卵形，上下两面嫩时被灰黄色毛；基部截形或微心形，上部掌状5~7裂；裂片全缘或有1~2个粗大锯齿；掌状脉3条，稀为5条。花通常4数。雄花的萼片卵形，被毛；花瓣矩圆形，长为萼片的2倍；雄蕊比花瓣长。果枝有头状果序1~2个，稀为3个，常下垂。本种是三球悬铃木 *P. orientalis* 与一球悬铃木 *P. occidentalis* 的杂交种。

物种分布：原产于欧洲东南部至西亚，世界各地均有引种。长荡湖周边偶作行道树栽培。

花期　　　　　　　　　　　　　　果期

黄杨 *Buxus sinica* (Rehd. et Wils.) Cheng

科属：黄杨科 Buxaceae　黄杨属 *Buxus*

别名：瓜子黄杨、小叶黄杨

特征简介：灌木或小乔木。高1~6米；枝圆柱形，有纵棱；小枝四棱形。叶革质，阔椭圆形，先端圆或钝，常有小凹口，叶面光亮，中脉突出，中脉上常密被白色短线状钟乳体。花序腋生，头状，花密集；雄花约10朵，无花梗，外萼片卵状椭圆形，内萼片近圆形，雄蕊连花药长4毫米，不育雌蕊有棒状柄，末端膨大；雌花子房较花柱稍长，无毛，花柱粗扁，柱头倒心形，下延达花柱中部。蒴果近球形。

物种分布：我国秦岭以南各省皆有，其余省份也常见栽培。长荡湖水城有栽培。

枝叶　　　　　　　　　　　　　　花

枫香树 *Liquidambar formosana* Hance

科属:蕈树科 Altingiaceae　枫香属 *Liquidambar*

特征简介:落叶乔木。高达 30 米;叶薄革质,阔卵形,掌状 3 裂,中央裂片较长,先端尾状渐尖;掌状脉 3~5 条,网脉明显可见;边缘有锯齿,齿尖有腺状突起;托叶线形,早落。雄性短穗状花序常多个排成总状,雄蕊多数,花丝不等长,花药比花丝略短。雌性头状花序有花 24~43 朵,花序柄长 3~6 厘米,子房下半部藏在头状花序轴内,上半部游离,花柱先端常卷曲。头状果序圆球形,木质,蒴果下半部藏于花序轴内,有宿存花柱及针刺状萼齿。

秋季红叶

物种分布:产于我国秦岭及淮河以南各省,越南、老挝北部和朝鲜南部也有分布。长荡湖水城、大涪山均有栽培或野生。

花期

果期

红花檵木 *Loropetalum chinense* var. *rubrum* Yieh

科属:金缕梅科 Hamamelidaceae　檵木属 *Loropetalum*

特征简介:灌木。多分枝,小枝有星毛。叶革质,深褐色至红色,卵形,不等侧,全缘;叶柄有星毛;托叶膜质,三角状披针形,早落。花 3~8 朵簇生,有短花梗,紫红色,比新叶先开放,或与嫩叶同时开放;萼筒杯状,被星毛,萼齿卵形;花瓣 4 片,带状,长 1~2 厘米,先端圆或钝;雄蕊 4 枚,花丝极短;退化雄蕊 4 枚,鳞片状;子房完全下位,被星毛;花柱极短。蒴果卵圆形,被褐色星状绒毛。本种为檵木变种。

物种分布:分布于我国湖南长沙岳麓山,全国各地广泛栽培。长荡湖周边常见。

枝叶

花期

蚊母树 *Distylium racemosum* Sieb. et Zucc.

科属:金缕梅科 Hamamelidaceae　蚊母树属 *Distylium*

特征简介:常绿灌木或中乔木。嫩枝有鳞垢。叶革质,椭圆形或倒卵状椭圆形,先端钝或略尖,基部阔楔形,上面深绿色,发亮,无锯齿。托叶细小,早落。总状花序长约2厘米,花序轴无毛,总苞2~3枚,卵形,有鳞垢;苞片披针形,花雌雄同在一个花序上,雌花位于花序顶端;萼筒短,萼齿大小不相等,被鳞垢;雄蕊5~6枚,花药红色;子房有星状绒毛,花柱长6~7毫米。蒴果卵圆形。

物种分布:分布于我国华南等地区,朝鲜等地也有分布。长荡湖水城有栽培。

叶片虫瘿

果期

佛甲草 *Sedum lineare* Thunb.

科属:景天科 Crassulaceae　景天属 *Sedum*

特征简介:多年生草本。无毛,茎高10~20厘米。3叶轮生,少有4叶轮或对生的,叶线形,长20~25毫米,宽约2毫米,先端钝尖,基部无柄,有短距。顶生花序聚伞状,疏生花;萼片5片,线状披针形;花瓣5片,黄色,披针形;雄蕊10枚,较花瓣短;鳞片5片,宽楔形至近四方形。蓇葖略叉开,花柱短。

物种分布:我国秦岭淮河一线以南有分布,日本也有。长荡湖大涪山山脚地畔有分布。

群聚

珠芽景天 *Sedum bulbiferum* Makino

科属：景天科 Crassulaceae　景天属 *Sedum*

特征简介：多年生草本。根须状；茎下部常横卧。叶腋常有圆球形、肉质珠芽着生。基部叶常对生，上部的互生，下部叶卵状匙形，上部叶匙状倒披针形，先端钝，基部渐狭。花序聚伞状，分枝3个，常再2歧分枝；萼片5片，披针形至倒披针形，有短距，先端钝；花瓣5片，黄色，披针形先端有短尖；雄蕊10枚；心皮5片，略叉开，基部1毫米合生。

物种分布：我国长江流域及其以南有分布，日本也有。长荡湖周边草丛常见。

扯根菜 *Penthorum chinense* Pursh

科属：扯根菜科 Penthoraceae　扯根菜属 *Penthorum*

特征简介：多年生草本。高40~65(~90)厘米，根状茎分枝；茎不分枝，稀基部分枝，具多数叶，中下部无毛，上部疏生黑褐色腺毛。叶互生，无柄或近无柄，披针形至狭披针形，边缘具细重锯齿。聚伞花序具多花；花序分枝与花梗均被褐色腺毛；苞片小；花小型，黄白色；萼片5片，革质，三角形；无花瓣；雄蕊10枚；雌蕊心皮5~6片，下部合。蒴果红紫色。

物种分布：我国除新疆、西藏以外大部分省份皆有分布，俄罗斯远东、日本、朝鲜皆有分布。长荡湖周边浅水沟渠边有分布。

穗状狐尾藻 *Myriophyllum spicatum* L.

科属:小二仙草科Haloragaceae　狐尾藻属*Myriophyllum*

别名:聚草、泥茜、金鱼藻

特征简介:多年生沉水草本。根状茎发达,在水底泥中蔓延,节部生根。茎圆柱形,分枝极多。叶常5片轮生(也可见3~6片轮生),长3.5厘米,丝状全细裂,裂片约13对,细线形;叶柄极短或不存在。花常4朵轮生,穗状花序顶生,长6~10厘米,生于水面上。上部为雄花,下部为雌花,中部有时为两性花。雄花花瓣4片,雄蕊8枚,淡黄色;无花梗。雌花花瓣缺,花柱4个,柱头羽毛状,向外反转。分果广卵形或卵状椭圆形。

物种分布:世界广布。长荡湖湖区及周边水域常见。

植株

花序

狐尾藻 *Myriophyllum verticillatum* L.

科属:小二仙草科Haloragaceae　狐尾藻属*Myriophyllum*

别名:轮叶狐尾藻

特征简介:多年生粗壮沉水草本。茎圆柱形,多分枝。叶通常4片轮生,或3~5片轮生,水中叶较长,长4~5厘米,丝状全裂,无叶柄;裂片8~13对,互生;水上叶互生,披针形,较强壮,鲜绿色,裂片较宽。秋季于叶腋中生出棍棒状冬芽越冬。花单性,雌雄同株或杂性,单生于水上叶腋内,每轮具4朵花,无柄。雌花生于水上茎下部叶腋中,花瓣4片,舟状,早落;雄蕊1枚,柱头4裂,裂片三角形;花瓣4片,椭圆形,早落。雄花具雄蕊8枚,花药淡黄色,花丝丝状,开花后伸出花冠外。果实广卵形。

物种分布:世界广布。长荡湖湖区历史上有分布,近十年来未见分布。

水上叶(花期)

水下叶

粉绿狐尾藻 *Myriophyllum aquaticum* (Vell.) Verdc.

科属:小二仙草科 Haloragaceae　狐尾藻属 *Myriophyllum*

特征简介:多年生沉水或挺水草本。株高 50~80 厘米;雌雄异株;茎直立。叶 2 型;沉水叶与挺水叶均为羽状复叶轮生,每轮 6 枚,小叶线形,深绿色。穗状花序;花细小,直径约 2 毫米,白色;子房下位。果实为分果。

物种分布:原产于南美洲,我国华东地区及其以南为入侵种。长荡湖水街附近码头已有入侵。

群聚

蘡薁 *Vitis bryoniifolia* Bunge

科属:葡萄科 Vitaceae　葡萄属 *Vitis*

特征简介:木质藤本。小枝圆柱形,有棱纹,嫩枝密被蛛丝状绒毛或柔毛。卷须 2 叉分枝,每隔 2 节间断与叶对生。叶长圆卵形,叶片 3~7 深裂或浅裂,基部心形或深心形,下面密被蛛丝状绒毛和柔毛,以后脱落变稀疏;托叶卵状长圆形或长圆状披针形,膜质,褐色。花杂性异株,圆锥花序与叶对生,基部分枝发达或有时退化成一卷须;花蕾倒卵状椭圆形或近球形;萼碟形,花瓣 5 片,呈帽状黏合脱落;雄蕊 5 枚,花丝丝状,花药黄色;雌蕊 1 枚,子房椭圆状卵形,花柱细短,柱头扩大。果实球形,成熟时紫红色。

物种分布:我国黄河流域及其以南有分布。长荡湖大涪山有分布。

植株

花序

地锦 *Parthenocissus tricuspidata* (Sieb. et Zucc.) Planch.

科属:葡萄科Vitaceae 地锦属*Parthenocissus*
别名:爬山虎、趴墙虎

特征简介:木质藤本。小枝圆柱形,卷须5~9叉分枝,相隔2节间断与叶对生。卷须顶端嫩时膨大呈圆珠形,后遇附着物扩大成吸盘。叶为单叶,通常着生在短枝上为3浅裂,时有着生在长枝上者小型不裂,基部心形,边缘有粗锯齿。多歧聚伞花序,花蕾倒卵椭圆形,萼碟形,雄蕊5枚,花盘不明显;子房椭球形,花柱明显,基部粗,柱头不扩大。果实球形。
物种分布:我国东北、华北、华中、华南皆有分布,朝鲜、日本也有。长荡湖水城有栽培。

群聚

果期

乌蔹莓 *Cayratia japonica* (Thunb.) Gagnep.

科属:葡萄科Vitaceae 乌蔹莓属*Cayratia*

特征简介:草质藤本。小枝圆柱形,有纵棱纹。卷须2~3叉分枝,相隔2节间断与叶对生。叶为鸟足状5小叶;托叶早落。花序腋生,复2歧聚伞花序;花蕾卵圆形,萼碟形,边缘全缘或波状浅裂,外面被乳突状毛或几无毛;花瓣4片,三角状卵圆形,雄蕊4枚,花药卵圆形,长宽近相等;花盘发达,4浅裂;子房下部与花盘合生,花柱短,柱头微扩大。果实近球形。
物种分布:我国黄河流域以南广布,往南经太平洋诸岛一直到大洋洲皆有。长荡湖周边常见。

花期

果期

合欢 *Albizia julibrissin* **Durazz.**

科属:豆科Fabaceae   合欢属*Albizia*

特征简介:落叶乔木。树冠开展,小枝有棱角,嫩枝、花序和叶轴被绒毛或短柔毛。托叶线状披针形,早落。2回羽状复叶,总叶柄近基部及最顶一对羽片着生处各有1枚腺体;羽片4~12对,栽培的有时达20对;小叶10~30对,向上偏斜,先端有小尖头。头状花序于枝顶排成圆锥花序;花粉红色;花萼管状,花冠裂片三角形。荚果带状。

物种分布:产于我国东北至华南及西南部各省区,非洲、中亚至东亚均有分布,北美亦有栽培。长荡湖水城等地有栽培。

花期

果期

决明 *Senna tora* **(L.) Roxb.**

科属:豆科Fabaceae   决明属*Senna*

特征简介:一年生亚灌木状草本。直立、粗壮,高1~2米。叶轴每对小叶间有棒状腺体1枚;小叶3对,膜质,倒卵形或倒卵状长椭圆形,顶端圆钝而有小尖头,基部渐狭,偏斜,上面被稀疏柔毛,下面被柔毛;托叶线状,被柔毛,早落。花腋生,通常2朵聚生;花瓣黄色,下面2片略长;能育雄蕊7枚,花丝短于花药;子房无柄,被白色柔毛。荚果纤细,近四棱形,两端渐尖。

物种分布:原产于美洲热带地区,现全世界热带、亚热带地区广泛分布,我国长江流域以南各省区普遍分布,多有栽培或野生。长荡湖堤坝偶见。

植株

花果

伞房决明 *Senna corymbose* (Lam.) H. S. Irwin et Barneby

科属:豆科Fabaceae　决明属*Senna*

特征简介:半常绿灌木。小枝密集。树冠伞形或圆球形。叶为偶数羽状复叶,小叶2~3对,长卵形或卵状披针形,基部歪斜。伞房花序顶生,花黄色,7月中旬初花,8~9月盛花,10月渐疏。荚果呈棒状,下垂。果实12月成熟。

物种分布:原产于南美洲乌拉圭和阿根廷,1985年引入中国,现华东地区广为栽培。长荡湖水城有栽培。

紫荆 *Cercis chinensis* Bunge

科属:豆科Fabaceae　紫荆属*Cercis*

特征简介:灌木。高2~5米;叶纸质,近圆形或三角状圆形,先端急尖,基部浅至深心形,叶缘膜质透明,新鲜时明显可见。花紫红色或粉红色,2~10余朵成束,簇生于老枝和主干上,尤以主干上花束较多,越到上部幼嫩枝条则花越少,通常先于叶开放;龙骨瓣基部具深紫色斑纹;子房嫩绿色,花蕾时光亮无毛,后期则密被短柔毛。荚果扁狭长形,绿色,翅宽约1.5毫米。

物种分布:产于我国东南部,全国各地广泛栽培。长荡湖水城有栽培。

刺槐 *Robinia pseudoacacia* L.

科属:豆科Fabaceae　刺槐属*Robinia*

别名:洋槐

特征简介:落叶乔木。具托叶刺;羽状复叶有小叶2~12对,常对生,椭圆形或卵形,先端圆,微凹,全缘;托叶针芒状;总状花序腋生,下垂,花多数,芳香;苞片早落;花萼斜钟状,萼齿5片;花冠白色,旗瓣近圆形,反折,内有黄斑,翼瓣斜倒卵形,与旗瓣近等长,基部一侧具圆耳,龙骨瓣镰状,三角形;雄蕊2体,对旗瓣的1枚分离;子房线形,花柱钻形。荚果褐色。

物种分布:原产于美国东部,我国各地广泛栽植或逸生。长荡湖周边村庄附近有野生分布。

花期

果期

田菁 *Sesbania cannabina* (Retz.) Poir.

科属:豆科Fabaceae　田菁属*Sesbania*

特征简介:一年生草本。高3~3.5米;茎绿色,平滑,有时带褐色、红色,微被白粉,枝髓粗大充实。羽状复叶;托叶披针形,早落;小叶20~40对,对生或近对生。总状花序具2~6朵花,疏松,下垂;花萼斜钟状,花冠黄色,旗瓣横椭圆形至近圆形,外面散生大小不等的紫黑点和线,翼瓣倒卵状长圆形,与旗瓣近等长,龙骨瓣较翼瓣短;雄蕊2体;雌蕊无毛,柱头头状,顶生。荚果细长,长圆柱形,微弯,外面具黑褐色斑纹。

物种分布:原产地可能为大洋洲至太平洋岛屿,我国长江流域及其以南归化。长荡湖堤坝常见。

花期

果期

截叶铁扫帚 *Lespedeza cuneate* (Dum.-Cours.) G. Don

科属:豆科Fabaceae　胡枝子属*Lespedeza*

特征简介:小灌木。高达1米;茎直立或斜升,被毛,上部分枝,分枝斜上举。叶密集,柄短;小叶楔形或线状楔形,先端截形或近截形,具小刺尖,基部楔形,上面近无毛,下面密被伏毛。总状花序腋生,具2~4朵花;小苞片卵形或狭卵形;花萼狭钟形,密被伏毛,5深裂;花冠淡黄色或白色,旗瓣基部有紫斑,有时龙骨瓣先端带紫色,冀瓣与旗瓣近等长,龙骨瓣稍长。荚果宽卵形或近球形,被伏毛。

物种分布:我国黄河流域以南广布,亚洲其他地区及大洋洲也有。长荡湖湖堤偶见。

花期　　果期

鸡眼草 *Kummerowia striata* (Thunb.) Schindl.

科属:豆科Fabaceae　鸡眼草属*Kummerowia*

特征简介:一年生草本。披散或平卧,多分枝,茎和枝上被倒生的白色细毛。3出羽状复叶;托叶膜质,比叶柄长;小叶纸质,倒卵形,全缘;两面沿中脉及边缘有白色粗毛,侧脉多而密。花小,单生或2~3朵簇生于叶腋;花萼钟状,带紫色,5裂;花冠粉红色或紫色,较萼约长1倍,旗瓣椭圆形,下部渐狭成瓣柄,具耳,龙骨瓣比旗瓣稍长或近等长,翼瓣比龙骨瓣稍短。荚果圆形或倒卵形,稍侧扁。

物种分布:我国除新疆、西藏以外各省皆有,朝鲜、日本也有。长荡湖周围路旁常见。

群聚　　花期

长萼鸡眼草 *Kummerowia stipuiacea* (Maxim.) Makino

科属：豆科Fabaceae　鸡眼草属*Kummerowia*

特征简介：一年生草本。茎上升或直立，多分枝，茎和枝上被疏生向上的白毛，有时仅节处有毛。3出羽状复叶；托叶卵形，比叶柄长或有时近相等；小叶纸质，倒卵形，先端微凹或近截形。花1~2朵腋生；小苞片4枚；花萼膜质，阔钟形，5裂；花冠上部暗紫色旗瓣椭圆形，先端微凹，翼瓣狭披针形，与旗瓣近等长，龙骨瓣钝，上面有暗紫色斑点。荚果椭圆形或卵形，稍侧偏。本种与鸡眼草的区别在于本种茎上白毛向上生长，鸡眼草白毛向下生长；长萼鸡眼草叶片更宽，呈倒卵形，或先端有凹陷。

物种分布：我国除新疆、西藏以外各省皆有，日本、朝鲜也有。长荡湖湖堤偶见。

群聚(叶先端凹陷)

花期

广布野豌豆 *Vicia cracca* L.

科属：豆科Fabaceae　野豌豆属*Vicia*

特征简介：多年生草本。高40~150厘米；茎攀援或蔓生。偶数羽状复叶，叶轴顶端卷须有2~3叉分枝；托叶半箭头形或戟形，上部2深裂；小叶5~12对互生，线形、长圆或披针状线形，先端锐尖或圆形，具短尖头，基部近圆或近楔形，全缘。总状花序与叶轴近等长，花多数，10~40朵密集于一面，着生于总花序轴上部；花萼钟状，萼齿5片；花冠紫色；子房有柄。荚果长圆形或长圆菱形。本种总状花序花大且多，蓝紫色，叶轴末端卷须2~3叉分枝。

物种分布：我国广布，欧亚、北美也有。长荡湖地区为路旁常见杂草。

花序

小巢菜 *Vicia hirsute* (L.) S. F. Gray

科属：豆科Fabaceae　　野豌豆属*Vicia*

特征简介：一年生草本。攀援或蔓生；茎细柔有棱，近无毛。偶数羽状复叶末端卷须分枝；托叶线形，基部有2~3裂齿；小叶4~8对，线形或狭长圆形，先端平截，具短尖头，基部渐狭。总状花序明显短于叶；花萼钟形，萼齿披针形；花2~7朵密生于花序轴顶端，花甚小；花冠白色、淡蓝青色或紫白色，稀粉红色；子房无柄，花柱上部四周被毛。总状花序有花2~7朵，小而密，淡紫色，花序梗短，叶轴末端卷须羽状。荚果长圆菱形。

物种分布：我国除新疆、西藏以外各省皆产，欧洲也有。长荡湖周边草地常见。

花期　　果期

救荒野豌豆 *Vicia sativa* L.

科属：豆科Fabaceae　　野豌豆属*Vicia*

特征简介：一年或二年生草本。偶数羽状复叶，叶轴顶端卷须2~3叉分枝；托叶戟形，通常2~4裂齿；小叶2~7对，长椭圆形或近心形，先端圆或平截有凹，具短尖头，基部楔形，两面被贴伏黄柔毛。花1~4朵腋生，近无梗；萼钟形，外面被柔毛；花冠紫红或红色。花单生或2朵，腋生，几无花梗，叶片长椭圆形或近心形，先端平截或微凹。荚果线状长圆形。

物种分布：原产于欧洲南部和西亚，现世界各地广泛分布。长荡湖周边草地常见。

花期　　果期

窄叶野豌豆 *Vicia sativa* subsp. *nigra* Ehrhart

科属：豆科Fabaceae　野豌豆属*Vicia*

特征简介：一年或二年生草本。偶数羽状复叶长2~6厘米，叶轴顶端卷须发达；托叶半箭头形或披针形；小叶4~6对，线形或线状长圆形，先端平截或微凹，具短尖头，基部近楔形，叶脉不甚明显，两面被浅黄色疏柔毛。花1~4朵腋生，有小苞叶；花冠红色或紫红色，旗瓣倒卵形，先端圆、微凹，翼瓣与旗瓣近等长，龙骨瓣短于翼瓣；子房被毛。荚果长线形，微弯。花单生或2朵，腋生，几无花梗，叶片狭长矩形，先端平截或微凹。

物种分布：我国除新疆、西藏以外各省皆有分布，欧洲、北非、西亚也有分布。长荡湖周边草地常见。

 花期
 果期

四籽野豌豆 *Vicia tetrasperma* (L.) Schreber

科属：豆科Fabaceae　野豌豆属*Vicia*

特征简介：一年生缠绕草本。顶端为卷须，末端不分叉或2叉；偶数羽状复叶，小叶2~6对，长圆形或线形，先端圆，具短尖头，基部楔形。总状花序长约3厘米，花1~2朵着生于花序轴先端，花甚小；花冠淡蓝色或带蓝、紫白色；子房长圆形，有柄，胚珠4枚，花柱上部四周被毛。荚果长圆形，种子4颗，扁圆形。花序梗长，有1~2朵花，叶轴末端卷须不分叉或2叉。

物种分布：产于我国陕西、甘肃、新疆、华东、华中及西南等地，北半球温带地区广布。长荡湖周边草地常见。

 花期
 果期

野大豆 *Glycine soja* Sieb. et Zucc.

科属：豆科Fabaceae　　大豆属*Glycine*

别名：(豆劳)豆

特征简介：一年生缠绕草本。长1~4米；茎、小枝纤细，全株疏被褐色长硬毛。3小叶，托叶卵状披针形。小叶卵圆形或卵状披针形，全缘，两面均被绢状糙伏毛。总状花序通常短，花小；花萼钟状，密生长毛，裂片5片；花冠淡红紫色或白色；花柱短而向一侧弯曲。荚果长圆形，稍弯，两侧稍扁，褐色至黑色。

物种分布：我国除新疆、青海和海南以外，遍布全国。长荡湖周围草丛常见。

赤小豆 *Vigna umbellata* (Thunb.) Ohwi et Ohashi

科属：豆科Fabaceae　　豇豆属*Vigna*

特征简介：一年生草本。茎纤细，长达1米或过之，幼时被黄色长柔毛，老时无毛。羽状复叶具3片小叶；托叶盾状着生，披针形或卵状披针形；小托叶钻形，小叶纸质，卵形或披针形，先端急尖，

基部宽楔形或钝，全缘或微3裂，沿两面脉上薄被疏毛。总状花序顶生或腋生；苞片披针形；花梗短，着生处有腺体；花黄色，龙骨瓣右侧具长角状附属体。荚果线状圆柱形，下垂，无毛，种子6~10颗，长椭圆形，通常暗红色，有时为褐色、黑色或草黄色，直径3~3.5毫米，种脐凹陷。花期5~8月。

物种分布：原产于亚洲热带地区，我国南部有栽培或逸生。长荡湖五七农场湖堤有分布。

野扁豆 *Dunbaria villosa* (Thunb.) Makino

科属:豆科Fabaceae 野扁豆属*Dunbaria*

特征简介:多年生缠绕草本。茎细弱,微具纵棱,略被短柔毛。3片小叶;托叶细小,常早落;叶柄纤细,被短柔毛;小叶薄纸质,顶生小叶较大,菱形或近三角形,侧生小叶较小,偏斜,有锈色腺点,小叶干后略带黑褐色。总状花序或复总状花序腋生,密被极短柔毛;花2~7朵;花冠黄色,旗瓣近圆形或横椭圆形,基部具短瓣柄;翼瓣镰状,基部具瓣柄和一侧具耳,龙骨瓣与翼瓣相仿;子房密被短柔毛和锈色腺点。荚果线状长圆形,扁平稍弯,被短柔毛或有时近无毛,先端具喙。

物种分布:我国长江流域及其以南有分布,中南半岛也有。长荡湖大涪山山脚有分布。

合萌 *Aeschynomene indica* L.

科属:豆科Fabaceae 合萌属*Aeschynomene*

特征简介:一年生草本或呈亚灌木状。茎直立,高0.3~1米。叶具20~30对小叶或更多;托叶膜质,卵形至披针形,长约1厘米,基部下延成耳状;小叶近无柄,薄纸质,线状长圆形,上面密布腺点,下面稍带白粉,先端钝圆或微凹,具细刺尖头,基部歪斜,全缘;小托叶极小。总状花序比叶短,腋生;花萼膜质,花冠淡黄色,易脱落,旗瓣大,近圆形;子房扁平,线形。荚果线状长圆形,直或弯曲,平滑或中央有小疣凸,不开裂,成熟时逐节脱落;种子黑棕色,肾形。

物种分布:我国除草原、荒漠外,全国广布,除美洲以外全球广布。长荡湖周边堤坝、田埂常见。

紫云英 *Astragalus sinicus* L.

科属:豆科Fabaceae　黄芪属*Astragalus*

特征简介:二年生草本。多分枝,匍匐,高10~30厘米,被白色疏柔毛。奇数羽状复叶,具7~13片小叶;叶柄较叶轴短;托叶离生,卵形;小叶倒卵形或椭圆形,先端钝圆或微凹。总状花序生5~10朵花,伞形;总花梗腋生,较叶长;花冠紫红色或橙黄色,旗瓣倒卵形,先端微凹,翼瓣较旗瓣短,龙骨瓣与旗瓣近等长;子房无毛或疏被白色短柔毛,具短柄。荚果线状长圆形,稍弯曲。

物种分布:产于我国长江流域各省区。长荡湖湖堤及农田广布。

花序

叶片

少花米口袋 *Gueldenstaedtia verna* (Georgi) Boriss.

科属:豆科Fabaceae　米口袋属*Gueldenstaedtia*
别名:米布袋、紫花地丁、地丁、多花米口袋

特征简介:多年生草本。主根圆锥状,分茎极缩短,叶及总花梗于分茎上丛生。托叶宿存,密被白色长柔毛;小叶7~21片,椭圆形至长圆形,基部圆,先端具细尖。伞形花序具2~6朵花;总花梗较叶稍长,花后约与叶等长;花萼钟状,上部2个萼齿大,下部3个萼齿小;花冠紫色,旗瓣倒卵形,先端微缺;子房椭圆状,花柱内卷,顶端膨大成圆形柱头。荚果圆筒状,被长柔毛。

花期

物种分布:产于我国东北、华北、华东、陕西中南部、甘肃东部等地区,俄罗斯远东、朝鲜北部也有。长荡湖西部湖堤有分布。

草木犀 *Melilotus officinalis* (L.) Pall.

科属:豆科Fabaceae　草木犀属*Melilotus*

特征简介:二年生草本。茎直立,粗壮,多分枝,具纵棱。羽状3出复叶;小叶倒卵形、阔卵形、倒披针形至线形,先端钝圆或截形,基部阔楔形,边缘具不整齐疏浅齿。总状花序腋生,具花30~70朵;花梗与苞片等长或稍长;萼脉纹5条,甚清晰;花冠黄色,旗瓣倒卵形,与翼瓣近等长,龙骨瓣稍短或三者均近等长。荚果卵形,先端具宿存花柱。

物种分布:原产于西亚至南欧,我国东北、华南、西南各省归化或栽培。长荡湖湖堤偶见,常与印度草木犀混生。

花期

印度草木犀 *Melilotus indicus* (L.) Allioni

科属:豆科Fabaceae　草木犀属*Melilotus*

花期

特征简介:一年生草本。茎直立,作之字形曲折,自基部分枝,圆柱形。羽状3出复叶;叶柄细,与小叶近等长,小叶倒卵状楔形至狭长圆形,近等大,先端钝或截平,有时微凹,基部楔形,边缘在2/3处以上具细锯齿。总状花序细,具花15~25朵;萼杯状,花冠黄色,旗瓣阔卵形,先端微凹,与翼瓣、龙骨瓣近等长,或龙骨瓣稍伸出。荚果球形。本种与草木犀相似,但叶形明显不同,印度草木犀叶片中部以上具疏齿,总体较窄,草木犀叶片全部具疏齿,叶片椭圆形。

物种分布:原产于印度,现世界各地引种栽培,各地逸生成为农田杂草。长荡湖湖堤偶见,与草木犀混群。

天蓝苜蓿 *Medicago lupulina* L.

科属：豆科Fabaceae　苜蓿属*Medicago*

特征简介：一、二年生或多年生草本。全株被柔毛或有腺毛，3出复叶；小叶倒卵形、阔倒卵形或倒心形，边缘在上半部具不明显尖齿，两面均被毛；顶生小叶较大，侧生小叶柄甚短。花序小头状；总花梗细，挺直，比叶长；萼钟形；花冠黄色，旗瓣近圆形，翼瓣和龙骨瓣近等长；子房阔卵形，被毛。荚果肾形，熟时变黑。本种似南苜蓿，但本种有毛，荚果肾形，无棘刺。

物种分布：产于我国南北各地，欧亚大陆广布。长荡湖水城附近湖堤有分布。

群聚

果期

南苜蓿 *Medicago polymorpha* L.

科属：豆科Fabaceae　苜蓿属*Medicago*

特征简介：一年或二年生草本。无毛或微被毛，羽状3出复叶；小叶倒卵形或三角状倒卵形，几等大，纸质，先端钝，近截平或凹缺，具细尖，边缘在1/3以上具浅锯齿，上面无毛，下面被疏柔毛。花序头状伞形；总花梗腋生；萼钟形；花冠黄色，旗瓣倒卵形，子房长圆形，镰状上弯，微被毛。荚果盘形，顺时针方向紧旋，螺面平坦无毛，每圈具棘刺或瘤突15枚。本种似天蓝苜蓿，但本种无毛，且荚果外有棘刺。

物种分布：原产于北非、西亚、南欧，我国长江流域以南各省区归化。长荡湖周边堤坝、路旁常见。

花期

果序

白车轴草 *Trifolium repens* L.

科属：豆科Fabaceae　车轴草属*Trifolium*
别名：白三叶、白花三叶草、白花车轴草

特征简介：短期多年生草本。生长期达5年，高10~30厘米。茎匍匐蔓生，全株无毛。掌状3出复叶；托叶卵状披针形，膜质；叶柄较长，长10~30厘米；小叶倒卵形至近圆形，先端凹头至钝圆。花序球形，顶生，直径15~40毫米；总花梗甚长，比叶柄长近1倍，具花20~80朵，密集；无总苞；苞片披针形，膜质；萼钟形，萼齿5片；花冠白色、乳黄色或淡红色。旗瓣椭圆形，比翼瓣和龙骨瓣长近1倍；子房线状长圆形。荚果长圆形。

物种分布：原产于欧洲和北非，世界各地均有栽培。长荡湖周边常见栽培或逸生。

粉花绣线菊 *Spiraea japonica* L. f.

科属：蔷薇科Rosaceae　绣线菊属*Spiraea*

特征简介：直立灌木。枝条细长，开展，小枝近圆柱形。叶片卵形至卵状椭圆形，先端急尖至短渐尖，基部楔形，边缘有缺刻状重锯齿或单锯齿，上面暗绿色，无毛或沿叶脉微具短柔毛，下面色浅或有白霜，通常沿叶脉有短柔毛。复伞房花序生于当年生的直立新枝顶端，花朵密集；花萼外面有稀疏短柔毛，萼筒钟状，内面有短柔毛；花瓣卵形至圆形，粉红色；雄蕊25~30枚，远较花瓣长；花盘圆环形。蓇葖果半开张。

物种分布：原产于日本、朝鲜，我国各地均有栽培供观赏。长荡湖水城有栽培。

火棘 *Pyracantha fortuneana* (Maxim.) Li

科属：蔷薇科 Rosaceae   火棘属 *Pyracantha*

特征简介：常绿灌木。高达3米，侧枝短，先端成刺状，嫩枝外被锈色短柔毛，老枝暗褐色，无毛；芽小，外被短柔毛。叶片倒卵形或倒卵状长圆形，先端圆钝或微凹。花集成复伞房花序，花梗和总花梗近于无毛；花直径约1厘米；萼片三角状卵形；花瓣白色，近圆形；雄蕊20枚，花药黄色；花柱5个，离生，与雄蕊等长。果实近球形，橘红色或深红色。

物种分布：我国秦岭以南均有分布，其余各地广泛栽培。长荡湖水城有栽培。

花期   果期

红叶石楠 *Photinia × fraseri*

科属：蔷薇科 Rosaceae   石楠属 *Photinia*

特征简介：杂交种，为常绿小乔木或灌木。乔木高可达5米，灌木高可达2米。幼枝棕色，后呈紫褐色，最后呈灰色无毛。树干及枝条上有刺。叶片长圆形至倒卵状，嫩叶鲜红色，后逐渐变绿，披针形，叶端渐尖而有短尖头，叶基楔形，叶缘有带腺的锯齿。花多而密，呈顶生复伞房花序，花白色，梨果黄红色。

物种分布：我国各地栽培均非常广泛。长荡湖环湖公路旁常见栽培。

花期   果期

垂丝海棠 *Malus halliana* **Koehne**

科属:蔷薇科 Rosaceae　苹果属 *Malus*

特征简介:乔木。高达5米,树冠开展;小枝细弱,紫色或紫褐色;叶片卵形或椭圆形至长椭卵形,边缘有圆钝细锯齿;托叶小,膜质,早落。伞房花序,具花4~6朵,花梗细弱,长2~4厘米,下垂,紫色;萼片三角状卵形;花瓣倒卵形,基部有短爪,粉红色,常在5数以上;雄蕊20~25枚,花丝长短不齐;花柱4或5个。果实梨形或倒卵形,略带紫色。

物种分布:产于我国江苏、浙江、安徽、陕西、四川、云南,各地常见栽培供观赏,有重瓣、白花等变种。长荡湖周边人工栽培广泛。

花期

果期

重瓣棣棠花 *Kerria japonica* **f.** *pleniflora* (Witte) **Rehd.**

科属:蔷薇科 Rosaceae　棣棠属 *Kerria*

特征简介:落叶灌木。高1~2米,稀达3米;小枝绿色,圆柱形,无毛,常拱垂,嫩枝有棱角。叶互生,三角状卵形或卵圆形,顶端长渐尖,基部圆形、截形或微心形,边缘有尖锐重锯齿;托叶膜质,带状披针形,有缘毛,早落。单花,着生在当年生侧枝顶端,花梗无毛;花直径2.5~6厘米;萼片卵状椭圆形,顶端急尖,有小尖头,全缘,无毛,果时宿存;花瓣黄色,重瓣,顶端下凹。瘦果倒卵形至半球形,褐色或黑褐色。

物种分布:我国湖南、四川、云南有野生种,全国各地均有栽培。长荡湖水城有栽培。

花期

茅莓 *Rubus parvifolius* **L.**

科属:蔷薇科Rosaceae 悬钩子属*Rubus*

特征简介:灌木。高1~2米,枝呈弓形弯曲,被柔毛和稀疏钩状皮刺;小叶3枚,在新枝上偶有5枚,菱状圆形或倒卵形,上面伏生疏柔毛,下面密被灰白色绒毛,边缘有不整齐粗锯齿或缺刻状粗重锯齿,常具浅裂片;叶柄被柔毛和稀疏小皮刺;托叶线形。伞房花序顶生或腋生,具花数朵至多朵,被柔毛和细刺;苞片线形,有柔毛;花萼外面密被柔毛和疏密不等的针刺;萼片卵状披针形;花瓣卵圆形,粉红至紫红色,基部具爪。果实卵球形,红色。

物种分布:我国除新疆、西藏以外皆有分布,朝鲜、日本也有。长荡湖大涪山山坡有分布。

朝天委陵菜 *Potentilla supina* **L.**

科属:蔷薇科Rosaceae 委陵菜属*Potentilla*

特征简介:一年或二年生草本。主根细长,并有稀疏侧根。茎上升或直立。基生叶羽状复叶,有小叶2~5对;小叶无柄,最上面1~2对小叶基部下延与叶轴合生,小叶片长圆形或倒卵状长圆形,边缘有圆钝或缺刻状锯齿;茎生叶与基生叶相似。顶端呈伞房状聚伞花序;萼片三角状卵形,花瓣黄色,倒卵形,顶端微凹,花柱扩大。瘦果长圆形,先端尖。

物种分布:我国南北各省皆有,广布于北半球温带及部分亚热带地区。长荡湖环湖堤坝早春常见。

蛇含委陵菜 *Potentilla kleiniana* Wight et Arn.

科属:蔷薇科Rosaceae　委陵菜属*Potentilla*

特征简介:一、二年生或多年生宿根草本。多须根。花茎上升或匍匐,被疏柔毛或开展长柔毛。基生叶为近于鸟足状5片小叶,小叶片倒卵形或长圆状倒卵形,下部茎生叶有5片小叶,上部茎生叶有3片小叶,小叶与基生小叶相似,唯叶柄较短。聚伞花序密集枝顶如假伞形,密被开展长柔毛;萼片三角状卵圆形,顶端急尖或渐尖,副萼片披针形或椭圆状披针形;花瓣黄色,倒卵形,顶端微凹,长于萼片;花柱近顶生,圆锥形,基部膨大,柱头扩大。瘦果近圆形。

花期

物种分布:我国黄河流域及其以南有分布,印度、中南半岛至马来西亚也有。长荡湖周边田埂、路旁偶见。

蛇莓 *Duchesnea indica* (Andr.) Focke

科属:蔷薇科Rosaceae　蛇莓属*Duchesnea*

特征简介:多年生草本。匍匐茎多数,有柔毛。小叶片倒卵形至菱状长圆形;托叶窄卵形至宽披针形。花单生于叶腋;萼片卵形,先端锐尖,外面有散生柔毛;副萼片倒卵形,比萼片长,先端常具3~5个锯齿;花瓣倒卵形,黄色,先端圆钝;雄蕊20~30枚;心皮多数,离生;花托在果期膨大,海绵质,鲜红色,有光泽。瘦果卵形,光滑或具不明显突起,鲜时有光泽。

物种分布:产于我国辽宁以南各省,印度、欧洲、美洲也有分布。长荡湖周边为路旁常见杂草。

花期

果期

粉团蔷薇 *Rosa multiflora* var. *cathayensis* **Rehd. et Wils.**

科属:蔷薇科Rosaceae　蔷薇属*Rosa*

特征简介:攀援灌木。小枝圆柱形,通常无毛,有短、粗稍弯曲的皮刺。小叶5~9片,近花序的小叶有时3片;小叶片倒卵形、长圆形或卵形,先端急尖或圆钝,基部近圆形或楔形,边缘有尖锐单锯齿;小叶柄和叶轴有柔毛或无毛,有散生腺毛;托叶篦齿状,大部分贴生于叶柄。花多朵,排成圆锥状花序,萼片披针形;花瓣粉红色或淡紫色,宽倒卵形,先端微凹;花柱结合成束,比雄蕊稍长。果近球形。

物种分布:产于我国江苏、山东、河南等省,日本、朝鲜常见。长荡湖大涪山山坡有分布。

月季花 *Rosa chinensis* **Jacq.**

科属:蔷薇科Rosaceae　蔷薇属*Rosa*

特征简介:直立灌木。高1~2米,小枝粗壮,圆柱形,近无毛,有短粗的钩状皮刺。小叶3~5片,稀7片,小叶片宽卵形至卵状长圆形,边缘有锐锯齿;托叶大部贴生于叶柄。花几朵集生,稀单生,

直径4~5厘米;萼片卵形,先端尾状渐尖,边缘常有羽状裂片;花瓣重瓣至半重瓣,红色、粉红色至白色,先端有凹缺,基部楔形;花柱离生,伸出萼筒口外,约与雄蕊等长。果卵球形或梨形。本种与香水月季的区别在于本种花数量多,组成复伞房花序,果实为卵球形或梨形。

物种分布:原产于我国,我国各地普遍栽培,园艺品种很多。长荡湖周边路旁、公园栽培广泛。

136

香水月季 *Rosa odorata* (Andr.) Sweet.

科属：蔷薇科 Rosaceae　蔷薇属 *Rosa*

特征简介：常绿或半常绿攀援灌木。具散生而粗短钩状皮刺；小叶5~9片，小叶片椭圆形、卵形或长圆卵形，边缘有紧贴的锐锯齿，革质；托叶大部贴生于叶柄，边缘或仅在基部有腺。花单生或2~3朵；萼片全缘，稀有少数羽状裂片；花瓣芳香，白色或带粉红色，倒卵形；花柱离生，伸出花托口外，约与雄蕊等长。果实呈压扁的球形，稀梨形。本种与月季的区别在于本种多为单生花或2~3朵花组成伞房花序，果实为扁球形。

花（单生）

物种分布：产于我国云南，世界各地均有栽培。长荡湖周边路旁、公园栽培广泛。

桃 *Amygdalus persica* L.

科属：蔷薇科 Rosaceae　桃属 *Amygdalus*

特征简介：小乔木。叶片长圆状披针形，叶边具细锯齿或粗锯齿；叶柄常具1至数枚腺体，先叶开放；萼筒钟形，被短柔毛；花瓣长圆状椭圆形至宽倒卵形，粉红色，罕为白色；雄蕊约20~30枚，花药绯红色；花柱几与雄蕊等长或稍短；子房被短柔毛。果实形状和大小均有变异，卵形、宽椭圆形或扁圆形。

物种分布：原产于我国，我国各省均广泛栽培。长荡湖南部村庄附近有栽培。

花期

果期

红花碧桃 *Amygdalus persica* '*Rubro-plena*'

科属:蔷薇科 Rosaceae   桃属 *Amygdalus*

特征简介:乔木。高3~8米;树冠宽广而平展;树皮暗红褐色,老时粗糙呈鳞片状。本种为桃的栽培变种,区别在于本种花重瓣,红色。

物种分布:我国各省区均有栽培。长荡湖周边有栽培。

花期

花枝

紫叶李 *Prunus cerasifera* f. *atropurpurea* (Jacq.) Rehd.

科属:蔷薇科 Rosaceae   李属 *Prunus*

特征简介:灌木或小乔木。高可达8米,枝条细长,有时有棘刺;小枝暗红色。叶片椭圆形、卵形或倒卵形,先端急尖,基部楔形或近圆形,边缘有圆钝锯齿,有时混有重锯齿,深绿色、红色或红紫色;托叶早落。花1朵,稀2朵;萼筒钟状,萼片长卵形,先端圆钝,边缘有疏浅锯齿;花瓣白色,长圆形或匙形,边缘波状;雄蕊25~30枚,花丝紧密地排成不规则2轮;雌蕊1枚,柱头盘状。核果近球形或椭圆形,长宽近相等,黄色、红色或黑色,微被蜡粉,具浅侧沟。

物种分布:产于我国新疆,我国各地广泛栽培。长荡湖周边公路旁及公园常见栽培。

花期

果期

关山樱 *Cerasus serrulata* 'Sekiyama'

科属:蔷薇科Rosaceae　樱属*Cerasus*

特征简介:乔木。高3~8米,树皮灰褐色或灰黑色,皮孔显著,排列成环状。叶片卵状椭圆形或倒卵状椭圆形,先端渐尖,基部圆形,有2个腺体,叶片边缘有单锯齿及重锯齿。花序伞房总状或近伞形,有花2~3朵;总苞片褐红色,倒卵状长圆形;花梗长1.5~2.5厘米,下垂,无毛或被极稀疏柔毛;萼筒管状,先端扩大,萼片三角状披针形,先端渐尖或急尖;花瓣粉红色,重瓣;雄蕊多数;雌蕊常退化为叶芽状。本种为大岛樱*Cerasus speciosa*与山樱花*Cerasus serrulata*的杂交种。

物种分布:世界各地广泛栽培。长荡湖周边路旁及公园常见栽培。

花期　树皮(环状皮孔)

枣 *Ziziphus jujuba* Mill.

科属:鼠李科Rhamnaceae　枣属*Ziziphus*

特征简介:落叶小乔木,稀灌木。枝紫红色或灰褐色,作之字形曲折,具2个托叶刺。叶纸质或薄革质,卵形、卵状椭圆形或卵状矩圆形;顶端钝或圆形,基部稍不对称,近圆形,边缘具圆齿状锯齿,基生3出脉。花黄绿色,2性,5基数,具短总花梗,单生或2~8个密集成腋生聚伞花序;萼片卵状三角形;花瓣倒卵状圆形,基部有爪;花盘厚,肉质,圆形,5裂;花柱2半裂。核果矩圆形或卵状长圆形,成熟时红色,中果皮肉质,厚,味甜,核顶端锐尖。

物种分布:原产于我国,我国南北各省皆有野生或栽培,其他国家亦栽培广泛。长荡湖水城有栽培。

花期　果期

榆树 *Ulmus pumila* L.

科属:榆科Ulmaceae 榆属*Ulmus*

特征简介:落叶高大乔木。树皮暗灰色,不规则深纵裂,粗糙。叶椭圆状卵形、长卵形、椭圆状披针形或卵状披针形,先端渐尖或长渐尖,基部偏斜或近对称,边缘具重锯齿或单锯齿。花先叶开放,在去年生枝的叶腋成簇生状。翅果近圆形,稀倒卵状圆形,除顶端缺口柱头面被毛外,余处无毛,果核部分位于翅果中部,上端不接近或接近缺口,初淡绿色,后白黄色。

物种分布:我国长江流域以北各省广布,西南地区也有,朝鲜、俄罗斯也有分布。长荡湖周边村庄附近有分布。

叶片

树皮

果序

榔榆 *Ulmus parvifolia* Jacq.

科属:榆科Ulmaceae 榆属*Ulmus*

特征简介:落叶高大乔木。树皮灰色或灰褐色,裂成不规则鳞状薄片剥落,露出红褐色内皮。叶质地厚,披针状卵形或窄椭圆形,稀卵形或倒卵形,基部偏斜,边缘从基部至先端有钝而整齐的单锯齿,稀重锯齿。花秋季开放,3~6数在叶腋簇生或排成簇状聚伞花序。翅果椭圆形或卵状椭圆形,果翅稍厚,两侧的翅较果核部分为窄,果核部分位于翅果中上部,上端接近缺口。

物种分布:我国黄河流域及其以南广布,日本、朝鲜也有。长荡湖水城有栽培。

树皮

花期

果期

朴树 *Celtis sinensis* Pers.

科属:榆科Ulmaceae　朴树属*Celtis*

特征简介:落叶高大乔木。一年生枝密被柔毛。芽鳞无毛。叶卵形或卵状椭圆形,长3~10厘米,先端尖或渐尖,基部近对称或稍偏斜,近全缘或中上部具圆齿,下面脉腋具簇毛;叶柄长0.3~1厘米。果单生叶腋,稀2~3个集生,近球形,径5~7毫米,很少有达8毫米的;成熟时呈黄或橙黄色;果柄与叶柄近等长或稍短,被柔毛。

物种分布:我国黄河流域以南广布。长荡湖水城有栽培。

花期

果期

葎草 *Humulus scandens* (Lour.) Merr.

科属:大麻科Cannabaceae　葎草属*Humulus*

特征简介:缠绕草本。茎、枝、叶柄均具倒钩刺;叶纸质,肾状五角形,掌状5~7深裂,稀为3裂,基部心脏形,表面粗糙,疏生糙伏毛,背面有柔毛和黄色腺体,裂片卵状三角形,边缘具锯齿。雄花小,黄绿色,圆锥花序;雌花序球果状,苞片纸质,三角形,顶端渐尖,具白色绒毛;子房被苞片包围,柱头2个,伸出苞片外。瘦果成熟时露出苞片外。

物种分布:我国除新疆、青海外,南北各省均有分布,日本、越南也有。长荡湖周边路旁常见。

雄花序

雌花序

桑 *Morus alba* L.

科属：桑科 Moraceae　桑属 *Morus*

特征简介：乔木或灌木。叶卵形或广卵形，先端急尖或圆钝，基部圆形至浅心形，边缘锯齿粗钝，有时叶为各种分裂；托叶披针形，早落。花单性，腋生，与叶同时生出；雄花序下垂，花被片宽椭圆形，淡绿色，花丝在芽时内折，花药2室，球形至肾形，纵裂；雌花无梗，花被片倒卵形，顶端圆钝，两侧紧抱子房，无花柱，柱头2裂。聚花果卵状椭圆形，成熟时红色或暗紫色。

物种分布：原产于我国中部和北部，现我国东北至西南各省区，西北直至新疆均有栽培。长荡湖周边村庄常见栽培或野生。

果期

雄花序

雌花序

构树 *Broussonetia papyrifera* (L.) L'Heritier ex Ventenat

科属：桑科 Moraceae　构属 *Broussonetia*

特征简介：乔木。树皮暗灰色，小枝密生柔毛。叶广卵形至长椭圆状卵形，先端渐尖，基部心形，两侧常不相等，边缘具粗锯齿，不分裂或3~5裂，表面粗糙，疏生糙毛，背面密被绒毛；托叶大，卵形。雌雄异株；雄花序为柔荑花序，粗壮，被毛，花被4裂，雄蕊4枚，花药近球形，退化雌蕊小；雌花序球形头状，柱头线形。聚花果直径1.5~3厘米，成熟时橙红色，肉质；瘦果具等长的柄，表面有小瘤。

物种分布：产于我国南北各地，亚洲其他国家也有。长荡湖周边路旁、村庄较常见。

果期

雄花序

雌花序

薜荔 *Ficus pumila* L.

科属:桑科 Moraceae　榕属 *Ficus*

特征简介:攀援或匍匐灌木。叶 2 型,不结果枝节上生不定根;叶卵状心形,长约 2.5 厘米,薄革质,基部稍不对称,尖端渐尖,叶柄很短;结果枝上无不定根,革质,卵状椭圆形,长 5~10 厘米,宽 2~3.5 厘米,先端急尖至钝形,基部圆形至浅心形,全缘。榕果单生叶腋,瘿花果梨形,雌花果近球形;雄花生榕果内壁口部,多数,排为几行,有柄;瘿花生于底部;雌花生于另一植株榕果内壁。瘦果近球形,有黏液。

隐花果

物种分布:我国长江流域及其以南有分布,越南北部也有。长荡湖大涪山普门寺有分布。

无花果 *Ficus carica* L.

科属:桑科 Moraceae　榕属 *Ficus*

特征简介:落叶灌木。树皮灰褐色,皮孔明显。叶互生,厚纸质,广卵圆形,长宽近相等,通常 3~5 裂,小裂片卵形,边缘具不规则钝齿,表面粗糙,背面密生细小钟乳体及灰色短柔毛;托叶卵状披针形,长约 1 厘米,红色。雌雄异株,雄花和瘿花同生于一榕果内壁,雄花生于内壁口部;雌花子房卵圆形,光滑,花柱侧生,柱头 2 裂,线形。榕果单生叶腋,梨形,顶部下陷,成熟时紫红色或黄色。

隐花果

物种分布:原产于地中海沿岸,我国唐代从波斯传入,现我国南北各省均有栽培。长荡湖大涪山普门寺有栽培。

杨梅 *Myrica rubra* Siebold et Zuccarini

科属:杨梅科 Myricaceae 杨梅属 *Myrica*

特征简介:常绿乔木。树冠圆球形。叶革质,无毛,常密集于小枝上端;长椭圆状披针形或长椭圆状倒卵形,顶端圆钝或具短尖至急尖,基部楔形,全缘或偶在中部以上具少数锐锯齿。雌雄异株。雄花序单独或数条丛生于叶腋,圆柱状,长1~3厘米,通常不分枝呈单穗状,每枚苞片腋内生1朵雄花。雌花序常单生于叶腋,每枚苞片腋内生1朵雌花。核果球状,外表面具乳头状突起,外果皮肉质,多汁液及树脂,味酸甜,成熟时深红色或紫红色。

物种分布:我国长江流域及其以南有野生或栽培,日本及菲律宾也有。长荡湖周边有栽培。

花期

果期

枫杨 *Pterocarya stenoptera* C. DC.

科属:胡桃科 Juglandaceae 枫杨属 *Pterocarya*

特征简介:高大落叶乔木。芽具柄,密被锈褐色腺体。叶多为偶数或稀奇数羽状复叶,叶轴具翅,翅不甚发达;小叶10~16片(稀6~25片),无小叶柄,对生或稀近对生,长椭圆形至长椭圆状披针形,边缘有向内弯的细锯齿。雄性葇荑花序单独生于去年生枝条上叶痕腋内,常具1片(稀2或3片)发育的花被片,雄蕊5~12枚。雌性葇荑花序顶生,几乎无梗,苞片及小苞片基部常有细小的星芒状毛,并密被腺体。果序长20~45厘米,果实长椭圆形,果翅狭,条形或阔条形。

物种分布:我国秦岭及其以南广布,华北和东北均有栽培。长荡湖湖堤偶见。

果序

雄花序

雌花序

盒子草 *Actinostemma tenerum* Griff.

科属：葫芦科Cucurbitaceae　盒子草属*Actinostemma*

特征简介：柔弱草本。叶形变异大，心状戟形、心状狭卵形或披针状三角形，不分裂或3~5裂或仅在基部分裂，边缘波状或具小圆齿或具疏齿，两面具疏散疣状突起。卷须细，2歧。雄花序总状，有时圆锥状，基部具叶状3裂总苞；花萼裂片线状披针形，花冠裂片披针形；雄蕊5枚。雌花单生、双生或雌雄同序，花萼和花冠同雄花；子房卵状，有疣状突起。果实绿色，卵形，疏生暗绿色鳞片状突起，自近中部盖裂，果盖锥形，具种子2~4颗。

物种分布：我国除西部高原地区以外各省均有分布，朝鲜、印度、日本、中南半岛也有。长荡湖湖畔及沟渠沿岸广布。

花期　果期

马泡瓜 *Cucumis melo* var. *agrestis* Naud.

科属：葫芦科Cucurbitaceae　黄瓜属*Cucumis*

特征简介：一年生匍匐或攀援草本。茎、枝有棱，有黄褐色或白色的糙硬毛和疣状突起。卷须纤细，单一，被微柔毛。叶片厚纸质，近圆形或肾形，边缘不分裂或具3~7浅裂，有锯齿。花单性，雌雄同株，2或3朵簇生于叶腋。雄花花萼筒狭钟形，裂片近钻形，花冠黄色，长2厘米，裂片卵状长圆形，急尖；雄蕊3枚，花丝极短，药室折曲，药隔顶端引长。雌花子房长椭圆形，密被微柔毛和糙硬毛，柱头靠合。果实小，长圆形、球形或陀螺状，有香味，不甜，果肉极薄。

物种分布：原产于非洲，现我国安徽、江苏的湖畔江滩已归化，山东有栽培。长荡湖围堰区堤坝偶见。

花　果实

冬青卫矛 *Euonymus japonicus* **Thunb.**

科属:卫矛科Celastraceae　卫矛属*Euonymus*

别名:大叶黄杨

特征简介:灌木。高可达3米,小枝4棱,具细微皱突。叶革质,有光泽,倒卵形或椭圆形,边缘具浅细钝齿。聚伞花序具5~12朵花,花序梗长2~5厘米,2~3次分枝;花白绿色;花瓣近卵圆形,雄蕊花药长圆状;子房每室2枚胚珠,着生中轴顶部。蒴果近球状,淡红色;种子每室1颗,顶生,椭圆状,假种皮橘红色,全包种子。

物种分布:本种最先于日本发现,引入栽培,我国南北各省均有栽培。长荡湖周边路旁、公园常见栽培。

花期

果期

金边正木 *Euonymus japonicus* **var.** *aurea-marginatus* **Hort.**

科属:卫矛科Celastraceae　卫矛属*Euonymus*

别名:金边黄杨

植株

特征简介:常绿灌木或小乔木。老干褐色,略有纵条纹,侧枝对生,光滑无毛。叶对生,厚革质,椭圆形至倒卵形,先端尖,叶缘金黄色,有细锯齿。叶嫩绿洁净,叶有黄、白斑纹,小型聚伞花序生于枝梢的叶腋间,蒴果球形,内含淡红色种子。此种为冬青卫矛栽培变种。

物种分布:原产于我国中部和日本,我国各地园林中栽培十分普遍。长荡湖水城有栽培。

白杜 *Euonymus maackii* Rupr.

科属:卫矛科Celastraceae　卫矛属*Euonymus*
别名:丝棉木

特征简介:小乔木。叶卵状椭圆形、卵圆形或窄椭圆形,先端长渐尖,基部阔楔形或近圆形,边缘具细锯齿,有时极深而锐利。聚伞花序具3朵至多朵花,花序梗略扁;花4数,淡白绿色或黄绿色;雄蕊花药紫红色,花丝细长,长1~2毫米。蒴果倒圆心状,成熟后果皮粉红色;种子长椭圆状,种皮棕黄色,假种皮橙红色,全包种子,成熟后顶端常有小口。

物种分布:我国陕西、西南和两广地区未见野生外,其他各省区均有,但长江以南以栽培为主。长荡湖大涪山有分布。

果期

扶芳藤 *Euonymus fortunei* (Turcz.) Hand.-Mazz.

科属:卫矛科Celastraceae　卫矛属*Euonymus*

特征简介:常绿藤本灌木。高1米至数米,小枝方梭不明显。叶薄革质,椭圆形、长方椭圆形或长倒卵形,宽窄变异较大,可窄至近披针形,基部楔形,边缘齿浅不明显。聚伞花序3~4次分枝;花序梗长1.5~3厘米;花白绿色,花盘方形,花丝细长,花药圆心形;子房三角锥状,4棱,粗壮明显。蒴果粉红色,果皮光滑,近球状;种子长方椭圆状,棕褐色,假种皮鲜红色,全包种子。

物种分布:我国长江流域各省及陕西、四川均有分布。长荡湖水城及大涪山有野生分布。

植株

酢浆草 *Oxalis corniculata* **L.**

科属:酢浆草科Oxalidaceae 酢浆草属*Oxalis*

特征简介:多年生草本。全株被柔毛;根茎稍肥厚。茎细弱,多分枝,直立或匍匐,匍匐茎节上生根。叶基生或茎上互生;小叶3片,无柄,倒心形,先端凹,基部宽楔形,两面被柔毛或表面无毛,沿脉被毛较密。花单生或数朵集为伞形花序状,腋生,总花梗淡红色,与叶近等长;小苞片2枚,披针形;萼片5片,披针形或长圆状披针形,宿存;花瓣5片,黄色,长圆状倒卵形;雄蕊10枚,花丝基部合生,长、短互间;子房长圆形,5室,花柱5个。蒴果长圆柱形,5棱。

物种分布:全国广布,北半球温带地区皆有分布。长荡湖周边为路旁常见杂草。

花期　果期

红花酢浆草 *Oxalis corymbosa* **DC.**①

科属:酢浆草科Oxalidaceae 酢浆草属*Oxalis*

别名:铜锤草

特征简介:多年生草本。有球状鳞茎。叶基生,被毛;小叶3片,扁圆状倒心形,顶端凹入,基部宽楔形,近无毛。总花梗基生,2歧聚伞花序成伞形花序式,总花梗被毛;花梗、苞片、萼片均被毛;萼片5片,披针形;花瓣5片,倒心形,为萼长的2~4倍,淡紫色至紫红色,基部颜色较深;雄蕊10枚,长的5枚超出花柱,另5枚长至子房中部,花丝被长柔毛;子房5室,花柱5个,被锈色长柔毛,柱头浅2裂。

物种分布:原产于南美热带地区,我国长江流域以北各地作为观赏植物引入,南方各地常见逸生。长荡湖周边路旁常见。

群聚　花序

---

① 部分文献中本种的接受名为*O. debilis*,本书与FOC(Flora of China)保持一致,仍采用*O. corymbosa*。

关节酢浆草 *Oxalis articulata* Savigny

科属：酢浆草科 Oxalidaceae　酢浆草属 *Oxalis*

特征简介：多年生常绿草本。地下部分为鳞茎。叶基出，掌状复叶，小叶 3 片。伞形花序，萼片 5 片，花瓣 5 片，雄蕊 10 枚，子房 5 室，果为蒴果。本种与红花酢浆草相似，但本种叶片和花较红花酢浆草均小，且该种叶片淡绿色，具绒毛，而红花酢浆草叶片深绿色，无毛。

物种分布：原产于南美洲，我国各地广泛栽培。长荡湖周边路旁栽培广泛。

紫叶酢浆草 *Oxalis triangularis* ‘Urpurea’

科属：酢浆草科 Oxalidaceae　酢浆草属 *Oxalis*

特征简介：多年生草本。矮小，具鳞茎，叶丛生于基部，全部为根生，掌状复叶，3 小叶，小叶呈倒三角形，宽大于长，质软。叶片紫红色。伞形花序，花 12~14 朵，花冠 5 裂，淡紫色或白色，端部呈淡粉色。

物种分布：原产于南美巴西，我国城市公园广泛栽培。长荡湖水城有栽培。

颓瓣杜英 *Elaeocarpus glabripetalus* Merr.

科属:杜英科Elaeocarpaceae　杜英属*Elaeocarpus*

特征简介:乔木。高12米;嫩枝秃净无毛,多少有棱,干后红褐色;老枝圆柱形,暗褐色。叶纸质或膜质,倒披针形,先端尖锐,尖头钝,基部变窄而下延,上面干后黄绿色,发亮,边缘有小钝齿。总状花序常生于无叶的去年枝上,长5~10厘米,纤细,花序轴有微毛;萼片5片,披针形;花瓣5片,白色,先端较宽,撕裂为14~18条;雄蕊20~30枚,花丝极短;花盘5裂,被毛;子房2~3室,被毛。核果椭圆形。

物种分布:产于我国长江流域以南。长荡湖周边常作行道树栽培。

植株

花期

果期

苘麻 *Abutilon theophrasti* Medicus

科属:锦葵科Malvaceae　苘麻属*Abutilon*

特征简介:一年生亚灌木状草本。高1~2米,茎枝被柔毛。叶互生,圆心形,先端长渐尖,基部心形,边缘具细圆锯齿,两面均密被星状柔毛;托叶早落。花单生叶腋,花萼杯状,密被短绒毛,裂片5片,卵形;花黄色,花瓣倒卵形;雄蕊柱平滑无毛,心皮15~20片,顶端平截。蒴果半球形,分果爿15~20个,被粗毛,顶端具长芒2个。

物种分布:原产于印度,我国除青藏高原外,其他各省归化。长荡湖堤坝、农田常见。

花期

果期

田麻 *Corchoropsis crenata* Siebold & Zuccarini

科属:锦葵科 Malvaceae   田麻属 *Corchoropsis*

特征简介:一年生草本。叶卵形或狭卵形,边缘有钝齿,两面均密生星状短柔毛,基出脉3条;托叶钻形,脱落。花有细柄,单生于叶腋;萼片5片,狭披针形;花瓣5片,黄色,倒卵形;发育雄蕊15枚,每3枚成一束,退化雄蕊5枚,与萼片对生,匙状条形;子房被短茸毛。蒴果角状圆筒形,有星状柔毛。

物种分布:我国除西部高原以外各省均有分布,日本、朝鲜也有。长荡湖堤坝偶见。

甜麻 *Corchorus aestuans* L.

科属:锦葵科 Malvaceae   黄麻属 *Corchorus*

特征简介:一年生草本。高约1米,茎红褐色,稍被淡黄色柔毛。叶卵形或阔卵形,顶端短渐尖或急尖,基部圆形,边缘有锯齿,近基部1对锯齿往往延伸成尾状的小裂片。花单独或数朵组成聚伞花序生于叶腋或腋外,花序柄或花柄均极短或近无;萼片5片,狭长圆形;花瓣5片,倒卵形,黄色;雄蕊多数,子房长圆柱形,花柱圆棒状,柱头如喙,5齿裂。蒴果长筒形,具6条纵棱,其中3~4条棱呈翅状突起,顶端有3~4条向外延伸的角,角2叉,成熟时3~4片瓣裂,果瓣有浅横隔。

物种分布:产于我国长江流域以南各省,热带亚洲、中美洲及非洲有分布。长荡湖湖堤、地畔偶见。

扁担杆 *Grewia biloba* G. Don

科属：锦葵科 Malvaceae　扁担杆属 *Grewia*

特征简介：灌木。嫩枝被粗毛；叶薄革质，椭圆形或倒卵状椭圆形，先端锐尖，基部楔形或钝，两面具稀疏星状粗毛，基出脉3条，边缘有细锯齿；托叶钻形。聚伞花序腋生，多花；苞片钻形，萼片狭长圆形，外面被毛，内面无毛；花瓣淡黄绿色；子房有毛，花柱与萼片平齐，柱头扩大，盘状，有浅裂。核果红色，有2~4颗分核。

物种分布：我国长江流域各省及台湾有分布。长荡湖大涪山山脚有分布。

马松子 *Melochia corchorifolia* L.

科属：锦葵科 Malvaceae　马松子属 *Melochia*

特征简介：半灌木状草本。枝黄褐色，略被星状短柔毛。叶纸质，卵形、矩圆状卵形或披针形，稀有不明显3浅裂，顶端急尖或钝，基部圆形或心形，边缘有锯齿，上面近无毛，下面略被星状短柔毛；托叶条形。花排成顶生或腋生的密聚伞花序或团伞花序；小苞片条形，混生在花序内；萼钟状，5浅裂；花瓣5片，白色，后变为淡红色，矩圆形；雄蕊5枚，下部连合成筒；子房无柄，5室，密被柔毛，花柱5个，线状。蒴果圆球形，具5棱。

物种分布：广布于我国长江流域以南各省，台湾也有，亚洲热带地区多有分布。长荡湖湖堤、荒地常见。

地耳草 *Hypericum japonicum* Thunb. ex Murray

科属:金丝桃科Hypericaceae 金丝桃属*Hypericum*

特征简介:一年或多年生草本。矮小;茎单一或簇生,具4条纵线棱,散布淡色腺点。叶无柄,叶片通常卵形或椭圆形,基部心形抱茎至截形,全缘,散布透明腺点。花序具1~30朵花,二歧状或多少呈单歧状,有或无侧生的小花枝;苞片及小苞片线形、披针形至叶状,微小至与叶等长。萼片狭长圆形,花瓣白色、淡黄至橙黄色,椭圆形或长圆形。雄蕊5~30枚,不成束,具松脂状腺体。子房1室,花柱2~3个,自基部离生,开展。蒴果短圆柱形至圆球形。

物种分布:产于我国辽宁、山东至长江以南各省,亚洲至大洋洲皆有分布。长荡湖湖堤偶见。

花期

果期

三色堇 *Viola tricolor* L.

科属:堇菜科Violaceae 堇菜属*Viola*

特征简介:一、二年生或多年生草本。直立或稍倾斜,单一或多分枝。基生叶叶片长卵形或披针形,具长柄;茎生叶叶片卵形、长圆状圆形或长圆状披针形,先端圆或钝,基部圆,边缘具稀疏的圆齿或钝锯齿;托叶大,羽状深裂。花大,每个茎上有花3~10朵,通常每朵花有紫、白、黄三色;萼片绿色,长圆状披针形,边缘狭膜质,基部附属物发达;子房无毛,花柱短,基部明显膝曲,柱头膨大,呈球状,前方具较大的柱头孔。蒴果椭圆形,无毛。

物种分布:原产于欧洲,我国各地公园均有栽培供观赏。长荡湖周边公园、路旁常见栽培。

紫色系

黄色系

紫花地丁 *Viola philippica* Cav.

科属:堇菜科 Violaceae　堇菜属 *Viola*

特征简介:多年生草本。无地上茎;根状茎短,淡褐色。叶多数,基生,莲座状;下部叶片呈三角状卵形或狭卵形,上部叶长圆形、狭卵状披针形或长圆状卵形,边缘具较平的圆齿;叶柄通常长于叶片1~2倍,上部具狭翅;托叶膜质,苍白色或淡绿色。花中等大,紫堇色或淡紫色,稀呈白色,喉部色较淡并带有紫色条纹;子房卵形,无毛,花柱棍棒状,前方具短喙。蒴果长圆形。

物种分布:我国除新疆、青海、西藏以外各省皆有,朝鲜、日本也有。长荡湖湖堤、农田早春常见。

花期

白花堇菜 *Viola lactiflora* Nakai

科属:堇菜科 Violaceae　堇菜属 *Viola*

特征简介:多年生草本。无地上茎;根状茎稍粗,上部具短而密的节。叶多数,基生;叶片长三角形或长圆形,基部明显浅心形或截形,有时稍呈戟形;叶柄无翅;托叶明显,淡绿色或略呈褐色,近膜质,中部以上与叶柄合生。花白色,萼片披针形或宽披针形,花瓣倒卵形,侧方花瓣里有明显的须毛,下方花瓣较宽,末端具明显的筒状距;子房无毛,花柱棍棒状,基部细。蒴果椭圆形。

物种分布:我国黄河流域以南有分布,朝鲜、日本也有。长荡湖堤坝、路旁、草丛偶见。

花期

旱柳 *Salix matsudana* Koidz.

科属:杨柳科Saliaceae　柳属*Salix*

特征简介:乔木。大枝斜上,树冠广圆形;枝细长,直立或斜展,浅褐黄色或带绿色。芽微有短柔毛。叶披针形;托叶披针形或缺。花与叶同时开放;雄花序圆柱形;雄蕊2枚,花丝基部有长毛,花药卵形,黄色;雌花序较雄花序短,有3~5片小叶生于短花序梗上,轴有长毛;无花柱或很短,柱头卵形,近圆裂。果序长2~2.5厘米。

物种分布:我国广布,东亚其他国家也有。长荡湖湖畔常见。

雄花序

枝条

果枝

垂柳 *Salix babylonica* L.

科属:杨柳科Saliaceae　柳属*Salix*

特征简介:乔木。树冠开展而疏散;枝细,下垂,淡褐黄色、淡褐色或带紫色。芽线形,有短柔毛;托叶仅生在萌发枝上。花序先叶开放或与叶同时开放;雄花序,有短梗;雄蕊2枚,花药红黄色;雌花序基部有3~4片小叶,轴有毛;子房椭圆形,花柱短,柱头2~4深裂;腺体1个。蒴果长3~4毫米,带绿黄褐色。

物种分布:产于我国长江流域与黄河流域,其他各地均有栽培,亚洲、欧洲、美洲各国均有引种。长荡湖附近公园有栽培。

雄花序

雌花序

枝条

白背叶 *Mallotus apelta* (Lour.) Muell. Arg.

科属：大戟科Euphorbiaceae　野桐属*Mallotus*
别名：白背叶野桐、白背木、野桐

特征简介：灌木或小乔木。小枝、叶柄和花序均密被淡黄色星状柔毛和散生橙黄色颗粒状腺体。叶互生，卵形或阔卵形，边缘具疏齿，上面无毛或被疏毛，下面被灰白色星状绒毛；基部近叶柄处有褐色斑状腺体2个。花雌雄异株，雄花序为开展的圆锥花序或穗状，雄花多朵簇生于苞腋；雄蕊50~75枚；雌花序穗状，花萼裂片3~5片，花柱3~4个，基部合生，柱头密生羽毛状突起。蒴果近球形，密生被灰白色星状毛的软刺。
物种分布：分布于我国长江流域及其以南，越南也有。长荡湖大涪山有分布。

花期

果期

铁苋菜 *Acalypha australis* L.

科属：大戟科Euphorbiaceae　铁苋菜属*Acalypha*

特征简介：一年生草本。小枝细长，被贴生柔毛。叶膜质，长卵形、近菱状卵形或阔披针形；基出脉3条；托叶披针形。雌雄花同序，花序腋生，稀顶生；雄花生于花序上部，排列呈穗状或头状，苞腋具雄花5~7朵，花蕾时近球形；雌花子房具疏毛，花柱3个。蒴果，具3个分果爿，果皮具疏生毛和毛基变厚的小瘤体。
物种分布：我国除西部高原或干燥地区外，大部分省区均产，东亚及东南亚广布。长荡湖周边路旁常见。

花期

果期

乌桕 *Triadica sebifera* (L.) Small

科属：大戟科 Euphorbiaceae　乌桕属 *Sapium*

特征简介：乔木。各部均无毛，具乳状汁液。叶互生，纸质，菱形或菱状卵形，全缘；叶柄顶端具2个腺体。花单性，雌雄同株，总状花序顶生，雄花生于花序轴上部或全为雄花。雄花花萼杯状，3浅裂，雄蕊2枚，稀有3枚，伸出花萼之外，花丝分离；雌花苞片深3裂，每1枚苞片内仅有1朵雌花，间有1朵雌花和数朵雄花同聚生于苞腋内；子房卵球形，花柱3个，基部合生，柱头外卷。蒴果梨状球形，成熟时黑色，具3颗种子。种子扁球形，黑色，外被白色、蜡质的假种皮。

物种分布：我国黄河流域以南各省皆有分布，日本、越南、印度也有。长荡湖周边村庄附近常见，水八卦等地有栽培。

花期

果期

泽漆 *Euphorbia helioscopia* L.

科属：大戟科 Euphorbiaceae　大戟属 *Euphorbia*

特征简介：一年生草本。根纤细，下部分枝。茎直立，光滑无毛。叶互生，倒卵形或匙形，先端具齿，中部以下渐狭或呈楔形；总苞叶5枚，倒卵状长圆形，先端具齿，基部略渐狭，无柄；总伞幅5枚，苞叶2枚，卵圆形，先端具齿，基部圆形。花序单生，腺体4个，盘状。雄花数朵，明显伸出总苞外；雌花1朵，子房柄略伸出总苞边缘。蒴果三棱状阔圆形，光滑，无毛；具明显的3条纵沟。

物种分布：我国黄河流域及其以南广布，欧亚大陆和北非也有。长荡湖堤坝早春常见。

花期

果序

斑地锦 *Euphorbia maculata* L.

科属：大戟科Euphorbiaceae　大戟属*Euphorbia*

特征简介：一年生草本。茎匍匐，被白色疏柔毛。叶对生，长椭圆形至肾状长圆形，先端钝，基部偏斜，边缘中部以下全缘，中部以上常具细小疏锯齿；叶面绿色，中部常有紫斑，两面无毛；叶柄极短。花序单生于叶腋，基部具短柄；总苞狭杯状，外部具白色疏柔毛，边缘5裂。雄花4~5朵，微伸出总苞外；雌花1朵，子房柄伸出总苞外，且被柔毛；子房被疏柔毛；花柱短，近基部合生；柱头2裂。蒴果三角状卵形，被稀疏柔毛。本种子房柄伸出总苞外，子房及硕果均被稀疏柔毛。

物种分布：原产于北美，归化于欧亚大陆。长荡湖路旁常见。

植株

花果

千根草 *Euphorbia thymifolia* L.

科属：大戟科Euphorbiaceae　大戟属*Euphorbia*

特征简介：一年生草本。茎纤细，常呈匍匐状，自基部极多分枝，被稀疏柔毛。叶对生，椭圆形，基部偏斜，边缘有细锯齿，稀全缘，两面常被稀疏柔毛，稀无毛；叶柄极短。花序单生或数个簇生于叶腋，具短柄；总苞狭钟状至陀螺状，边缘5裂。雄花少数，微伸出总苞边缘；雌花1枚，子房柄极短；子房被贴伏的短柔毛；花柱3个，分离；柱头2裂。蒴果卵状三棱形，被贴伏的短柔毛。本种似斑地锦，但子房柄短，子房及果一般不伸出总苞，花更密集。

物种分布：我国长江流域及其以南广布，世界热带、亚热带地区均有分布。长荡湖路旁常见。

植株

花果

匍匐大戟 *Euphorbia prostrata* Ait.

科属：大戟科 Euphorbiaceae　　大戟属 *Euphorbia*

特征简介：一年生草本。茎匍匐状，多分枝，通常呈淡红色或红色，无毛或被少许柔毛。叶对生，椭圆形至倒卵形，先端圆，基部偏斜；叶面绿色，叶背有时略呈淡红色或红色；叶柄极短或近无。花序常单生于叶腋，少为数个簇生于小枝顶端；总苞陀螺状，常无毛，少被稀疏柔毛。雄花数朵，常不伸出总苞外；雌花1朵，子房柄较长，常伸出总苞外；子房于脊上被稀疏白色柔毛；花柱3个，柱头2裂。蒴果三棱状，除果棱上被白色疏柔毛外，余处无毛。本种似千根草，但子房具长柔毛，而非贴服的短柔毛。

物种分布：原产于美洲热带和亚热带地区。长荡湖路旁常见。

小叶大戟 *Euphorbia makinoi* Hayata

科属：大戟科 Euphorbiaceae　　大戟属 *Euphorbia*

特征简介：一年生草本。茎匍匐状，自基部多分枝，略呈淡红色。叶对生，椭圆状卵形，先端圆，基部偏斜；叶柄明显。花序单生，基部具柄；总苞近狭钟状。雄花3~4朵，近于总苞边缘；雌花1朵，子房柄伸出总苞外；子房光滑无毛；花柱3个，分离；柱头2裂。蒴果三棱状球形。本种植株匍匐地面，茎红色，叶小，全株无毛，花瓣状的白色总苞腺体附属物显著。

物种分布：我国华东地区及广东、台湾有分布，菲律宾也有。长荡湖路旁偶见。

通奶草 *Euphorbia hypericifolia* L.

科属：大戟科 Euphorbiaceae　大戟属 *Euphorbia*

特征简介：一年生草本。常不分枝或末端分枝；茎直立，无毛或被少许短柔毛。叶对生，狭长圆形或倒卵形，基部圆形，通常偏斜，边缘全缘或基部以上具细锯齿。苞叶2枚，与茎生叶同形。花序数个簇生于叶腋或枝顶，总苞陀螺状。雄花数枚，微伸出总苞外；雌花1枚，子房柄长于总苞；子房三棱状，无毛；花柱3个，分离；柱头2浅裂。蒴果三棱状。本种植株较其他相似种高大，少分枝，全株无毛。

物种分布：原产于美洲，我国长江流域以南各省归化。长荡湖路旁常见。

植株

花果

叶下珠 *Phyllanthus urinaria* L.

科属：叶下珠科 Phyllanthaceae　叶下珠属 *Phyllanthus*

特征简介：一年生草本。基部多分枝，枝倾卧而后上升；枝具翅状纵棱，上部被纵列疏短柔毛。叶纸质，因叶柄扭转而呈羽状排列，长圆形或倒卵形；叶柄极短。花单性雌雄同株；雄花2~4朵簇生于叶腋，通常仅上面1朵开花；萼片6片，倒卵形；雄蕊3枚，花丝全部合生成柱状；雌花单生于小枝中下部叶腋内；萼片6片，卵状披针形，边缘膜质，黄白色；花柱分离，顶端2裂，裂片弯卷。蒴果圆球状，红色，表面具小凸刺，有宿存的花柱和萼片。

物种分布：我国黄河流域以南有分布，中南半岛至婆罗洲皆有分布，南美也有。长荡湖水街草丛有分布。

植株

花期

果期

蜜甘草 *Phyllanthus ussuriensis* **Rupr. et Maxim.**

科属:叶下珠科Phyllanthaceae　叶下珠属*Phyllanthus*

别名:蜜柑草

特征简介:一年生草本。茎直立,小枝具棱;全株无毛。叶片纸质,椭圆形至长圆形,基部近圆形,下面白绿色;叶柄极短或几乎无叶柄。花单性雌雄同株,单生或数朵簇生于叶腋;雄花萼片4片,宽卵形;雄蕊2枚,花丝分离;雌花萼片6片,长椭圆形,果时反折;子房卵圆形,3室,花柱3个,顶端2裂。蒴果扁球状,平滑。

物种分布:我国除新疆、西藏、青海以外各省均有分布,朝鲜、日本也有。长荡湖五七农场湖堤有分布。

植株

算盘子 *Glochidion puberum* **(L.) Hutch.**

科属:叶下珠科Phyllanthaceae　算盘子属*Glochidion*

特征简介:直立灌木。小枝灰褐色;小枝、叶片下面,萼片外面,子房和果实均密被短柔毛。叶片纸质或近革质,长圆形、长卵形或倒卵状长圆形,稀披针形。花小,雌雄同株或异株,2~5朵簇生于叶腋内;雄花萼片6片,雄蕊3枚,合生呈圆柱状;雌花萼片6片,与雄花萼片相似,但较短而厚;子房圆球状,花柱合生呈环状。蒴果扁球状,边缘有8~10条纵沟,成熟时带红色;种子近肾形,具3棱,朱红色。

物种分布:产于我国黄河流域及其以南,西藏也有。长荡湖上黄围堰堤坝有分布。

花期

果期

野老鹳草 *Geranium carolinianum* L.

科属:牻牛儿苗科Geraniaceae 老鹳草属*Geranium*

特征简介:一年生草本。茎直立或仰卧,具棱角,密被倒向短柔毛。基生叶早枯,茎生叶互生或最上部对生;叶片圆肾形,基部心形,掌状5~7裂近基部,裂片楔状倒卵形或菱形,下部楔形、全缘,上部羽状深裂。花序腋生和顶生,长于叶,被倒生短柔毛和开展的长腺毛,每个总花梗具2朵花,顶生总花梗常数个集生,花序呈伞状;萼片长卵形或近椭圆形;花瓣淡紫红色,倒卵形,雄蕊稍短于萼片;雌蕊稍长于雄蕊,密被糙柔毛。蒴果果瓣由喙上部先裂向下卷曲。

物种分布:原产于美国,我国长江流域各省归化。长荡湖路旁常见。

花期　果期

多花水苋 *Ammannia multiflora* Roxb.

科属:千屈菜科Lythraceae 水苋菜属*Ammannia*

特征简介:草本。直立,多分枝,无毛,茎上部略具4棱。叶对生,膜质,长椭圆形,茎下部的叶基部渐狭,中部以上的叶基部通常耳形或稍圆形。多花或疏散的2歧聚伞花序,总花梗短;萼筒钟形,稍呈4棱,结实时半球形,裂片4片,短三角形;花瓣4片,倒卵形,小而早落;雄蕊4枚,稀6~8枚,花柱线形。蒴果扁球形,成熟时暗红色,上半部突出宿存萼之外。本种似水苋菜,但中部以上叶片基部扩大成耳状半抱茎。

物种分布:分布于我国长江流域及其以南各省,全世界广布。长荡湖周边为常见农田杂草。

中部叶片叶柄基部

植株

水苋菜 *Ammannia baccifera* L.

科属：千屈菜科Lythraceae 水苋菜属*Ammannia*

特征简介：一年生草本。无毛，茎直立，多分枝，带淡紫色，稍呈4棱，具狭翅。下部叶对生，上部叶或侧枝的叶有时略成互生，长椭圆形或披针形，近无柄。花数朵组成腋生的聚伞花序或花束；花极小，绿色或淡紫色；花萼蕾期钟形，结实时半球形，包围蒴果下半部；通常无花瓣；雄蕊通常4枚，贴生于萼筒中部；子房球形，花柱极短或无花柱。蒴果球形，紫红色。

物种分布：我国黄河流域及其以南广布，西至非洲热带，南至澳洲皆有分布。长荡湖周边为常见农田杂草。

植株

紫薇 *Lagerstroemia indica* L.

科属：千屈菜科Lythraceae 紫薇属*Lagerstroemia*

花期

特征简介：落叶灌木或小乔木。树皮平滑，灰色或灰褐色，枝干多扭曲。叶互生或有时对生，纸质，椭圆形、阔矩圆形或倒卵形，顶端短尖或钝形，有时微凹。花淡红色、紫色或白色，常组成顶生圆锥花序；花萼外面平滑无棱，裂片6片，三角形，直立；花瓣6片，皱缩，具长爪；雄蕊36~42枚，外面6枚着生于花萼上，比其余的长得多；子房3~6室，无毛。蒴果椭圆状球形或阔椭圆形。

物种分布：原产于亚洲，现广植于热带地区。长荡湖周边常作行道树栽培。

163

细果野菱 *Trapa incisa* Sieb. & Zucc.

科属：千屈菜科Lythraceae　　菱属①*Trapa*

特征简介：一年生浮叶草本。茎纤细，叶2型；浮水叶互生，顶生于茎端，莲座状；叶片三角状卵形，(1.5~2.5厘米)×(2~3厘米)；叶柄纤细，中间稍微膨胀。沉水叶小，早落。花粉红色，单生叶腋；萼片4片，花瓣4片，花盘全缘；雄蕊4枚，花丝纤细，花药内曲，子房半下位，花柱钻形，柱头头状。果实三角状菱形，高1~1.2厘米；具4角，2肩角稍斜，2腰角向下；喙长约3毫米，无冠。本种植株比其他菱瘦弱；花小，粉红色；果小，肩角上举，腰角向下，整个果实呈细长的戟形。

物种分布：我国东起华南至华北地区皆有分布，中南半岛、印度、马来西亚也有。长荡湖南部废弃围网中有分布。

欧菱 *Trapa natans* L.

科属：千屈菜科Lythraceae　　菱属*Trapa*

特征简介：叶、花和果中等大小，形态多变。在旺盛生长状态下，有压缩的圆形叶，边缘有粗或稀疏锯齿，花白色，果实具4角，先端有短硬毛，与其他4个角的菱相比，冠和喙更加明显。

物种分布：北半球广布。长荡湖西侧静水水域有分布。

四角菱 *Trapa natans* var. *komarovii* (Skvortzov) B. Y. Ding & X. F. Jin

科属：千屈菜科Lythraceae　　菱属*Trapa*

特征简介：果实具4角，喙和冠不明显。与细果野菱相比，植株更加粗壮，花、叶、果尺寸均更大，花白色。与野菱相比，果冠更大，肩角更加粗壮，常向下弯曲，果实更加饱满，食用口感更佳。

物种分布：广布于东亚，俄罗斯至印度均有分布。长荡湖五七农场围堰内有栽培。

野菱 *Trapa natans* var. *quadricaudata* (Glück.) B. Y. Ding & X. F. Jin

科属：千屈菜科Lythraceae　　菱属*Trapa*

特征简介：果实具4角，4个角尖锐，冠小，喙明显。与细果野菱相比，该种花白色，更大，果实稍大，2个肩角更平直，果实整体呈菱形，长与宽几乎相等。与四角菱相比，果实整体更加干瘦，不

---

①《中国植物志》(1999)记载中国分布的菱属*Trapa*植物有15种11变种，《Flora of China》(2007)将果实较小的野菱*T. incisa*和细果野菱*T. maximowiczii*归并为细果野菱*T. incisa*，其余所有果实较大的四角菱、二角菱和无角菱都被归并为欧菱*T. natans*。第二种观点也被《中国生物物种名录》采纳。但这两种分类方法都广受争议，不少学者开展了大量针对性研究工作。2020年1月，丁炳扬和金孝锋对菱属分类学研究成果进行了系统性梳理，将中国菱属植物仍然划分为细果野菱*T. incisa*和欧菱*T. natans* 2个种，并将欧菱划分为6个变种。本书参考该划分方法，将长荡湖分布的菱属植物划分成2种3变种。

如四角菱饱满,果冠更小,但本种果喙更加细长,肩角平直,一般不向下弯曲。

物种分布:分布于中国、日本和越南。长荡湖湖区静水水域广布,为长荡湖常见的菱属植物。

格菱 *Trapa natans* var. *complana* (Z. T. Xiong) B. Y. Ding & X. F. Jin

科属:千屈菜科Lythraceae　菱属*Trapa*

特征简介:果实具2角,果喙明显,但果冠更小。2个腰角退化成明显的突起,肩角平直或稍微上翘。果实整体呈菱形或三角形。

物种分布:我国广布,日本和俄罗斯远东也有。长荡湖静水水域常见,常与其他菱混生。

细果野菱　欧菱

四角菱　野菱

格菱(花期)　格菱(果期)

千屈菜 *Lythrum salicaria* L.

科属:千屈菜科Lythraceae　千屈菜属*Lythrum*

花期

特征简介:多年生草本。茎直立,多分枝,略被粗毛或密被绒毛,枝通常具4棱。叶对生或3叶轮生,披针形或阔披针形。花组成小聚伞花序,簇生,因花梗及总梗极短,花枝全形似一大型穗状花序;裂片6片,三角形;花瓣6片,红紫色或淡紫色,倒披针状长椭圆形,着生于萼筒上部,有短爪,稍皱缩;雄蕊12枚,6枚长6枚短;子房2室,花柱长短不一。蒴果扁圆形。

物种分布:北半球及澳洲均有分布,我国各地均有栽培。长荡湖水城有栽培。

石榴 *Punica granatum* L.

科属:千屈菜科Lythraceae　石榴属*Punica*

特征简介:落叶小乔木。枝顶常成尖锐长刺,幼枝具棱角,无毛,老枝近圆柱形。叶通常对生,纸质,矩圆状披针形;叶柄短。花大,1~5朵生枝顶;萼筒长2~3厘米,通常红色或淡黄色,裂片略外展,卵状三角形;花瓣通常大,红色、黄色或白色,顶端圆形;花丝无毛;花柱长超过雄蕊。浆果近球形。种子多数,钝角形,红色至乳白色,肉质的外种皮供食用。

物种分布:原产于巴尔干半岛至伊朗及其邻近地区,现全世界的热带和温带地区都有种植。长荡湖水城有栽培。

花期

果期

月见草 *Oenothera biennis* L.

科属: 柳叶菜科Onagraceae　月见草属*Oenothera*

特征简介: 直立二年生粗壮草本。基生莲座叶丛紧贴地面;茎高可达2米,被曲柔毛与伸展长毛。基生叶倒披针形,先端锐尖,基部楔形,边缘疏生不整齐的浅钝齿;茎生叶椭圆形至倒披针形,基部楔形,边缘每边有5~19枚稀疏钝齿。花序穗状,苞片叶状,宿存;萼片绿色,有时带红色,长圆状披针形;花瓣黄色,稀淡黄色,宽倒卵形,先端微凹缺;花丝近等长;子房圆柱状,具4棱;柱头围以花药。蒴果锥状圆柱形,向上变狭,直立,绿色,被毛。

物种分布: 原产于北美,我国多地栽培后逸生。长荡湖水城湖堤有分布。

美丽月见草 *Oenothera speciosa* Nutt.

科属: 柳叶菜科Onagraceae　月见草属*Oenothera*

特征简介: 多年生草本。具粗大主根;茎丛生,上升,多分枝,被曲柔毛。基生叶紧贴地面,倒披针形。茎生叶灰绿色,披针形或长圆状卵形,基部宽楔形并骤缩下延至柄,两面被曲柔毛。花单生于茎、枝顶部叶腋,近早晨日出开放。萼片绿色,带红色,披针形;花瓣粉红至紫红色,宽倒卵形,先端钝圆。子房花期狭椭圆状,密被曲柔毛;花柱白色,柱头红色,围以花药。蒴果棒状,具4条纵翅,翅间具棱,顶端具短喙。

物种分布: 原产于美洲,欧亚大陆广泛栽培,有逸生。长荡湖周边路旁、公园常见栽培。

柳叶菜 *Epilobium hirsutum* L.

科属:柳叶菜科Onagraceae　柳叶菜属*Epilobium*

特征简介:多年生粗壮草本。有时近基部木质化。叶草质,对生,茎上部互生,无柄,多少抱茎;茎生叶披针状椭圆形至狭倒卵形或椭圆形,稀狭披针形,先端锐尖至渐尖,基部近楔形,两面被长柔毛。总状花序直立。花直立;萼片长圆状线形;花瓣常玫瑰红色、粉红或紫红色,宽倒心形,先端凹缺;花柱直立,白色或粉红色,稀疏生长柔毛;柱头白色,4深裂,初时直立,彼此合生,开放时展开,不久下弯,长稍高过雄蕊。蒴果长2.5~9厘米。

物种分布:广布于我国温带与热带省区,欧亚大陆与非洲温带地区皆有。长荡湖湖堤偶见。

花期　果期

假柳叶菜 *Ludwigia epilobioides* Maxim.

科属:柳叶菜科Onagraceae　丁香蓼属*Ludwigia*

特征简介:一年生粗壮直立草本。茎具4棱,带紫红色,多分枝。叶狭椭圆形至狭披针形,先端渐尖,基部狭楔形。萼片4~6片,三角状卵形;花瓣黄色,倒卵形,先端圆形,基部楔形;雄蕊与萼片同数;花柱粗短,柱头球状,顶端微凹。蒴果近无梗,初时具4~5个棱,表面瘤状隆起,内果皮增厚变硬成木栓质,使果成平滑圆柱状,每室有1或2列稀疏嵌埋于内果皮的种子;果皮薄,熟时不规则开裂。

物种分布:我国除新疆、西藏外全国广布,东亚北起俄罗斯远东,南至越南皆有。长荡湖农田水网常见。

花期　果期

黄花水龙 *Ludwigia peploides* subsp. *stipulacea* (Ohwi) Raven

科属:柳叶菜科Onagraceae　丁香蓼属*Ludwigia*

特征简介:多年生浮水或上升草本。浮水茎节上常生圆柱海绵状贮气根状浮器,具多数须状根。叶长圆形或倒卵状长圆形,先端常锐尖或渐尖,基部狭楔形;托叶明显,卵形或鳞片状。花单生于叶腋上部;小苞片常生于子房近中部,三角形;萼片5片,三角形;花瓣鲜金黄色,倒卵形,先端钝圆或微凹,基部宽楔形;雄蕊10枚;花盘稍隆起,基部有蜜腺,并围有白毛;花柱密被长毛;柱头扁球状,5深裂,花时常稍高出雄蕊,蒴果具10条纵棱。

物种分布:我国长江下游诸省及福建、广东皆有分布,日本也有。长荡湖静水水域近岸有分布。

花期

果期

鸡爪槭 *Acer palmatum* Thunb.

科属:无患子科Sapindaceae　槭属*Acer*
别名:鸡爪枫、红枫

特征简介:落叶小乔木。叶纸质,外貌圆形,基部心形或近心形,稀截形,5~9掌状分裂,裂片长圆卵形或披针形,先端锐尖或长锐尖,边缘具紧贴的尖锐锯齿;裂片间的凹缺钝尖或锐尖,深达叶片直径的1/2或1/3。花紫色,杂性,雄花与两性花同株,伞房花序;萼片5片,花瓣5片,椭圆形或倒卵形,先端钝圆;雄蕊8枚;子房无毛,花柱长,2裂,柱头扁平。翅果嫩时紫红色,成熟时淡棕黄色,翅张开成钝角。

叶片

物种分布:分布于我国长江流域和淮河流域,湖南、贵州也有,朝鲜、日本也有分布。本种广泛栽培,变种很多,常见的是红槭(变种)*Acer palmatum* Thunb. forma *atropurpureum* (Van Houtte) Schwerim。长荡湖路旁及公园常见栽培。

花期

果期

三角槭 *Acer buergerianum* Miq.

科属:无患子科Sapindaceae　槭属*Acer*
别名:三角枫

特征简介:落叶乔木。树皮褐色或深褐色,粗糙。叶纸质,基部近圆形或楔形,总体椭圆形或倒卵形,通常浅3裂,裂片向前延伸,中央裂片三角卵形,裂片边缘通常全缘。花多数常成顶生被短柔毛的伞房花序;萼片5片,黄绿色,卵形,无毛;花瓣5片,淡黄色,狭披针形或匙状披针形,先端钝圆;雄蕊8枚,花盘无毛;子房密被淡黄色长柔毛,花柱无毛,很短,2裂。翅果黄褐色;翅张开成锐角。

物种分布:产于我国淮河流域及其以南各省,日本也有。长荡湖水城有栽培。

树枝

果期

复羽叶栾树 *Koelreuteria bipinnata* Franch.

科属:无患子科Sapindaceae　栾属*Koelreuteria*

特征简介:乔木。皮孔圆形至椭圆形;枝具小疣点。叶平展,2回羽状复叶,叶轴和叶柄向轴面常有一纵行皱曲的短柔毛;小叶9~17片,互生,纸质或近革质,斜卵形,基部阔楔形或圆形,略偏斜,边缘有内弯的小锯齿。圆锥花序大型,分枝广展;萼5裂达中部,裂片有短而硬的缘毛及流苏状腺体,边缘啮蚀状;花瓣4片,长圆状披针形;雄蕊8枚,花丝被白色、开展的长柔毛;子房三棱状长圆形,被柔毛。蒴果椭圆形或近球形,具3棱,淡紫红色,老熟时褐色。

物种分布:分布于我国长江流域及其以南地区,全国广泛栽培。长荡湖周边常作行道树栽培。

花期

果期

竹叶花椒 *Zanthoxylum armatum* DC.

科属: 芸香科 Rutaceae　花椒属 *Zanthoxylum*

特征简介: 落叶小乔木。高3~5米,茎枝多锐刺,刺基部宽而扁,小枝上的刺劲直,小叶中脉上常有小刺。具3~9片小叶,翼叶明显;小叶对生,通常披针形,两端尖。花序近腋生或同时生于侧枝之顶,有花约30朵以内;雄花花被片6~8片;雄蕊5~6枚;不育雌蕊垫状突起;雌花有心皮2~3个,花柱斜向背弯,不育雄蕊短线状。果紫红色,有微突起少数油点。

物种分布: 产于我国山东以南各省,台湾、西藏均有分布。日本、朝鲜、中南半岛及印度、尼泊尔均有分布。长荡湖大涪山山坡有分布。

花期

果期

楝 *Melia azedarach* L.

科属: 楝科 Meliaceae　楝属 *Melia*
别名: 苦楝

特征简介: 落叶乔木。树皮灰褐色,纵裂。分枝广展,小枝有叶痕。叶为2~3回奇数羽状复叶;小叶对生,卵形,多少偏斜,边缘具钝锯齿。圆锥花序约与叶等长;花芳香;花萼5深裂;花瓣淡紫色,倒卵状匙形;雄蕊管紫色,有纵细脉,管口有钻形狭裂片10片;花药10枚,着生于裂片内侧;子房近球形,花柱细长,柱头头状,顶端具5齿。核果球形至椭圆形。

物种分布: 产于我国黄河流域以南各省,广布于亚洲热带和亚热带地区。长荡湖周边村庄有野生分布,水八卦等地有栽培。

花序

果期

芫花 *Daphne genkwa* Sieb. et Zucc.

科属:瑞香科 Thymelaeaceae　瑞香属 *Daphne*

特征简介:落叶灌木。高0.3~1米,多分枝;树皮褐色;小枝圆柱形,细瘦。叶对生,稀互生,纸质,卵形或卵状披针形至椭圆状长圆形,先端急尖或短渐尖,基部宽楔形或钝圆形,全缘;叶柄短或近无,具灰色柔毛。花先叶开放,紫色或淡紫蓝色,无香味,常3~6朵簇生于叶腋或侧生;花萼筒细瘦,裂片4片;雄蕊8枚,2轮,花丝短;花盘环状;子房长倒卵形,密被淡黄色柔毛,花柱短或无,柱头头状,橘红色。果实肉质,白色,椭圆形。

物种分布:产于我国黄河流域以南各省。长荡湖东南角湖堤有分布。

花期　果期

碎米荠 *Cardamine hirsuta* L.

科属:十字花科 Brassicaceae　碎米荠属 *Cardamine*

特征简介:一年生小草本。茎直立或斜升,分枝或不分枝,下部有时淡紫色。基生叶具叶柄,有小叶2~5对,顶生小叶肾形或肾圆形,边缘有3~5个圆齿,小叶柄明显,侧生小叶卵形或圆形,较顶生的形小,边缘有2~3个圆齿,有或无小叶柄;茎生叶具短柄,有小叶3~6对。总状花序生于枝顶,花小;萼片绿色或淡紫色;花瓣白色,倒卵形;雌蕊柱状,花柱极短,柱头扁球形。长角果线形,稍扁。

物种分布:几乎遍布我国,广布于全球温带地区。长荡湖周边草丛、路旁常见。

群聚　花果

荠 *Capsella bursa-pastoris* (L.) Medic.

科属:十字花科 Brassicaceae   荠属 *Capsella*

别名:荠菜

特征简介:一年或二年生草本。茎直立,单一或从下部分枝。基生叶丛生呈莲座状,羽状分裂,侧裂片3~8对,长圆形至卵形;茎生叶窄披针形或披针形,基部箭形,抱茎,边缘有缺刻或锯齿。总状花序顶生及腋生,果期延长;萼片长圆形;花瓣白色,卵形,有短爪。短角果倒三角形或倒心状三角形,扁平,无毛,顶端微凹。

物种分布:几乎遍布我国,全世界温带地区广布。长荡湖周边路旁、草丛、农田等生境常见。

基生叶

花果

播娘蒿 *Descurainia sophia* (L.) Webb. ex Prantl

科属:十字花科 Brassicaceae   播娘蒿属 *Descurainia*

特征简介:一年生草本。高20~80厘米,叉状毛茎下部多,向上渐少。叶3回羽状深裂,末端裂片条形或长圆形。花序伞房状,果期伸长;萼片直立,早落;花瓣黄色,长圆状倒卵形,具爪;雄蕊6枚,比花瓣长1/3。长角果圆筒状,无毛,稍内曲,果瓣中脉明显;果梗长1~2厘米。

物种分布:我国除华南以外全国各地均产,亚洲、欧洲、非洲及北美洲均有分布。长荡湖湖堤、路旁、地畔偶见。

茎生叶

花果

臭独行菜 *Lepidium didymum* L.

科属:十字花科 Brassicaceae　独行菜属 *Lepidium*

别名:臭荠

果期

特征简介:一年或二年生匍匐草本。全株有臭味;主茎短且不显明,基部多分枝,无毛或有长单毛。叶1回或2回羽状全裂,裂片3~5对,线形或狭长圆形,基部楔形,全缘;叶柄长5~8毫米。花极小,直径约1毫米,萼片具白色膜质边缘;花瓣白色,长圆形,比萼片稍长,或无花瓣;雄蕊通常2枚。短角果肾形,2裂,果瓣半球形。

物种分布:原产于南美洲,我国山东以南归化。长荡湖周边路旁常见。

北美独行菜 *Lepidium virginicum* L.

科属:十字花科 Brassicaceae　独行菜属 *Lepidium*

特征简介:一年或二年生草本。茎单一,直立,上部分枝,具柱状腺毛。基生叶倒披针形,羽状分裂或大头羽裂,裂片大小不等;茎生叶有短柄,倒披针形或线形,顶端急尖,基部渐狭,边缘有尖锯齿或全缘。总状花序顶生;萼片椭圆形;花瓣白色,倒卵形,与萼片等长或稍长;雄蕊2或4枚,花柱极短。短角果近圆形,扁平,具窄翅。

物种分布:原产于美洲,我国山东以南各省归化。长荡湖湖堤及路旁偶见。

植株

花果期

诸葛菜 *Orychophragmus violaceus* (L.) O. E. Schulz

科属:十字花科 Brassicaceae 诸葛菜属 *Orychophragmus*
别名:二月蓝、二月兰

特征简介:一年或二年生草本。无毛,茎单一,直立,浅绿色或带紫色。基生叶及下部茎生叶大头羽状全裂,顶裂片近圆形或短卵形,侧裂片 2~6 对,卵形或三角状卵形;上部叶长圆形或窄卵形,基部耳状抱茎。花紫色、浅红色或褪成白色;花萼筒状,紫色;花瓣宽倒卵形,密生细脉纹。长角果线形,具4棱,裂瓣有1个突出中脊。

物种分布:我国除新疆、西藏、青海以外各省均有分布,朝鲜也有。长荡湖湖堤有野生分布,公园及路旁亦有栽培。

花序

花果

欧洲油菜 *Brassica napus* L.

科属:十字花科 Brassicaceae 芸薹属 *Brassica*
别名:胜利油菜

特征简介:一年或二年生草本。具粉霜;茎直立,有分枝。下部叶大头羽裂,侧裂片约2对,卵形;中部及上部茎生叶由长圆状椭圆形渐变成披针形,基部心形,抱茎。总状花序伞房状;萼片卵形;花瓣浅黄色,倒卵形。长角果线形,长 40~80 毫米,果瓣具1条中脉,喙细。为主要油料作物之一。

物种分布:世界各地均有栽培。长荡湖周边常见栽培。

花期

羽衣甘蓝 *Brassica oleracea* var. *acephala* de Candole

科属:十字花科Brassicaceae　芸薹属*Brassica*

特征简介:二年生草本。被粉霜;矮且粗壮一年生茎肉质,不分枝,绿色或灰绿色。基生叶多数,质厚,层层包裹成球状体;叶呈白黄、黄绿、粉红或红紫等色,有长叶柄。花期具茎生叶,卵形或长圆状卵形,基部抱茎。总状花序顶生及腋生;花淡黄色;萼片直立,线状长圆形;花瓣宽椭圆状倒卵形或近圆形,脉纹明显,顶端微缺,基部骤变窄成爪。长角果圆柱形,两侧稍压扁,中脉突出,喙圆锥形。

物种分布:我国各地广泛栽培。长荡湖公园及路旁有栽培。

植株

花期

蔊菜 *Rorippa indica* (L.) Hiern

科属:十字花科Brassicaceae　蔊菜属*Rorippa*
别名:印度蔊菜

特征简介:一年或二年生直立草本。高10~30厘米,无毛或具疏毛。茎单一或分枝,表面具纵沟。叶互生,基生叶及茎下部叶具长柄,叶形多变,通常大头羽状分裂,侧裂片1~5对;茎上部叶片宽披针形或匙形,边缘具疏齿,具短柄或基部耳状抱茎。总状花序顶生或侧生,花小,多数,具细花梗;萼片4片,卵状长圆形;花瓣4片,黄色,匙形,基部渐狭成短爪,与萼片近等长;雄蕊6枚,2枚稍短。长角果线状圆柱形,短而粗,直立或稍内弯,成熟时果瓣隆起。

物种分布:我国黄河流域及其以南广布,往南至印度尼西亚均有分布。长荡湖周边为常见路旁杂草。

花果期

广州蔊菜 *Rorippa cantoniensis* (Lour.) Ohwi

科属:十字花科 Brassicaceae　蔊菜属 *Rorippa*
别名:广东蔊菜

特征简介:一年或二年生草本。高10~30厘米,植株无毛;茎直立或呈铺散状分枝。基生叶具柄,基部扩大贴茎,叶片羽状深裂或浅裂,边缘具2~3个缺刻状齿;茎生叶渐缩小,无柄,基部呈短耳状,抱茎,叶片倒卵状长圆形或匙形。总状花序顶生,花黄色,近无柄,每花生于叶状苞片腋部;萼片4片,宽披针形;花瓣4片,倒卵形,基部渐狭成爪,稍长于萼片;雄蕊6枚,近等长,花丝线形。短角果圆柱形。

物种分布:我国除新疆、西藏以外各省皆产,朝鲜、日本、中南半岛也有。长荡湖湖堤、田埂偶见。

植株

花期

沼生蔊菜 *Rorippa palustris* (L.) Bess.

科属:十字花科 Brassicaceae　蔊菜属 *Rorippa*

特征简介:一年或二年生草本。高20~50厘米,光滑无毛或稀有单毛。茎直立,下部常带紫色,具棱。基生叶多数,具柄;叶片羽状深裂或大头羽裂,长圆形至狭长圆形,裂片3~7对,边缘不规则浅裂或呈深波状,基部耳状抱茎。总状花序顶生或腋生,果期伸长,花小,多数,黄色至淡黄色,具纤细花梗;萼片长椭圆形;花瓣长倒卵形至楔形;雄蕊6枚,近等长,花丝线状。短角果椭圆形或近圆柱形,有时稍弯曲,果瓣肿胀。

物种分布:我国南北各省皆有,北半球温暖地区皆有分布。长荡湖周边周期性淹水区常见。

植株

风花菜 *Rorippa globosa* (Turcz.) Hayek

科属:十字花科 Brassicaceae　蔊菜属 *Rorippa*
别名:球果蔊菜

特征简介:一年或二年生直立粗壮草本。高20~80厘米,植株被白色硬毛或近无毛。茎单一,基部木质化,下部被白色长毛,上部近无毛。茎下部叶具柄,上部叶无柄,叶片长圆形至倒卵状披针形,基部渐狭,下延成短耳状而半抱茎,边缘具不整齐粗齿,两面被疏毛,尤以叶脉为显。总状花序多数,呈圆锥花序状,果期伸长。花小,黄色,具细梗;萼片4片,长卵形,开展;花瓣4片,倒卵形;雄蕊6枚,4强或近等长。短角果实近球形,果瓣隆起,平滑无毛,有不明显网纹,顶端具宿存短花柱。
物种分布:我国南北各省皆有分布,俄罗斯也有。长荡湖周边周期性淹水区常见。

植株

萹蓄 *Polygonum aviculare* L.

科属:蓼科 Polygonaceae　蓼属 *Polygonum*

特征简介:一年生草本。茎平卧、上升或直立,自基部多分枝,具纵棱。叶椭圆形,顶端钝圆或急尖,基部楔形,边缘全缘,两面无毛;叶柄短,基部具关节;托叶鞘膜质撕裂脉明显。花单生或数朵簇生于叶腋;苞片薄膜质;花被5深裂,椭圆形,绿色,边缘白色或淡红色;雄蕊8枚;花柱3个,柱头头状。瘦果卵形,具3棱。
物种分布:产于我国各地,北温带地区广布。长荡湖周边常见。

植株

托叶鞘

习见蓼 *Polygonum plebeium* R. Br.

科属:蓼科Polygonaceae　　蓼属*Polygonum*

别名:腋花蓼

特征简介:一年生草本。茎平卧,自基部分枝,具纵棱,节间常比叶短。叶狭椭圆形或倒披针形,基部狭楔形,无毛,近无柄;托叶鞘膜质,透明;花3~6朵簇生于叶腋;苞片膜质;花被5深裂;长椭圆形,绿色,边缘白色或淡红色;雄蕊5枚,花丝基部稍扩展,比花被短;花柱3个,稀2个,极短,柱头头状。瘦果宽卵形,具3锐棱或双凸镜状。本种与平卧态萹蓄相似,但本种植株更矮小,节间更短,叶片常更小且呈倒披针形。

物种分布:我国除西藏外,几乎遍布全国,南亚、大洋洲、欧洲及非洲也有。长荡湖周边常见。

植株

小枝

蓼子草 *Polygonum criopolitanum* Hance

科属:蓼科Polygonaceae　　蓼属*Polygonum*

特征简介:一年生草本。茎自基部分枝,平卧,丛生,节部生根,被长糙伏毛及稀疏腺毛。叶狭披针形或披针形,两面被糙伏毛,边缘具缘毛及腺毛;近无柄;托叶鞘膜质,密被糙伏毛,顶端截形,具长缘毛。花序头状,顶生,花序梗密被腺毛;苞片卵形,密生糙伏毛,具长缘毛,每苞内具1朵花;花梗比苞片长;花被5深裂,淡紫红色,卵形;雄蕊5枚;花柱2个,中上部合生,瘦果椭圆形,双凸镜状。

物种分布:我国淮河流域及其以南广布。长荡湖湖滩及围堰堤坝偶见。

群聚

花序

两栖蓼 *Polygonum amphibium* L.

科属:蓼科 Polygonaceae　　蓼属 *Polygonum*

特征简介:多年生草本。根状茎横走。水生态:茎漂浮,无毛,节部生不定根;叶长圆形或椭圆形,浮于水面,基部近心形,两面无毛,全缘;托叶鞘筒状,顶端截形,无缘毛。陆生态:茎直立,不分枝或自基部分枝;叶披针形或长圆状披针形,顶端急尖,基部近圆形,两面被短硬伏毛,全缘,具缘毛;托叶鞘筒状,膜质,疏生长硬毛,顶端截形,具短缘毛。总状花序穗状,顶生或腋生,苞片宽漏斗状;花被5深裂,淡红色或白色,长椭圆形;雄蕊通常5枚;花柱2个,柱头头状。瘦果近圆形,双凸镜状。

物种分布:我国除西北高原以外全国广布,亚洲、欧洲及北美均有分布。长荡湖静水区偶见。

植株

花期

蚕茧草 *Polygonum japonicum* Meisn.

科属:蓼科 Polygonaceae　　蓼属 *Polygonum*

特征简介:多年生草本。茎直立,淡红色,无毛或具稀疏短硬伏毛,节膨大。叶披针形,近薄革质,坚硬,顶端渐尖,基部楔形,全缘,两面疏生短硬伏毛;托叶鞘筒状,长 1.5~2 厘米,顶端截形,缘毛长 1~1.2 厘米。总状花序穗状,顶生,通常数个再集成圆锥状;苞片漏斗状,绿色,上部淡红色,具缘毛,每苞内具3~6朵花;花梗比苞片长;雌雄异株,花被5深裂,白色或淡红色,长椭圆形;雄蕊8枚,比花被长;花柱2~3个,中下部合生,比花被长。瘦果卵形,具3棱或双凸镜状。

物种分布:我国淮河流域及其以南广布,朝鲜、日本也有。长荡湖湖堤及沟渠堤坝近水侧常见。

托叶鞘

花丛

显花蓼 *Polygonum japonicum* var. *conspicuum* Nakai

科属:蓼科Polygonaceae　蓼属*Polygonum*

特征简介:本变种与原变种极相似,其主要区别在于本变种果实无光泽。本种与蚕茧草的区别在于蚕茧草叶片较厚,花序分枝多,多为白色,偶带粉红色,显花蓼叶片相对柔软,花序常不分枝,花多粉红色。

物种分布:我国华东及华南有分布,日本也有。长荡湖周边分布状况同蚕茧草。

红蓼 *Polygonum orientale* L.

科属:蓼科Polygonaceae　蓼属*Polygonum*
别名:荭草

特征简介:一年生草本。茎直立,粗壮,高1~2米,上部多分枝,密被开展的长柔毛。叶宽卵形,基部圆形或近心形,微下延,全缘,密生缘毛,两面密生柔毛;托叶鞘顶部常有绿色环边。总状花序顶生或腋生,花紧密,微下垂,通常数个再组成圆锥状;苞片宽漏斗状,每苞内具3~5朵花;花梗比苞片长;花被5深裂,淡红色或白色,椭圆形;雄蕊7枚,比花被长;花盘明显;花柱2个,柱头头状。瘦果近圆形,双凹。

物种分布:我国除西藏外,全国广布,欧亚大陆及大洋洲均有。长荡湖沿岸及沟渠、围堰堤坝等生境均有分布。

酸模叶蓼 *Polygonum lapathifolium* L.

科属:蓼科Polygonaceae　蓼属*Polygonum*

特征简介:一年生草本。茎直立,节部膨大。叶披针形或宽披针形,顶端渐尖或急尖,基部楔形,上面绿色,常有1个大的黑褐色新月形斑点,两面沿中脉被短硬伏毛,全缘,边缘具粗缘毛;托叶鞘筒状,膜质,无毛,具多数脉,顶端截形,无缘毛。总状花序穗状,顶生或腋生,花紧密,数个花穗再组成圆锥状;苞片漏斗状;花被淡红色或白色,4或5深裂,顶端叉分,外弯;雄蕊通常6枚。瘦果宽卵形,双凹。

物种分布:广布于我国南北各省,亚欧大陆广布。长荡湖周边湖堤、沟渠、围堰等的近水侧常见。

绵毛酸模叶蓼 *Polygonum lapathifolium* var. *salicifolium* Sibth.

科属:Polygonaceae　蓼属*Polygonum*

特征简介:本变种与原变种的区别在于本种叶下面密生白色绵毛。

物种分布:分布区同酸模叶蓼。

密毛酸模叶蓼 *Polygonum lapathifolium* var. *lanatum* (Roxb.) Stew.

科属:蓼科Polygonaceae　蓼属*Polygonum*

特征简介:本变种与原变种的区别在于本种全株密被白色绵毛。
物种分布:分布区同酸模叶蓼。

伏毛蓼 *Polygonum pubescens* Blume

科属:蓼科Polygonaceae　蓼属*Polygonum*
别名:无辣蓼

特征简介:一年生草本。茎直立,疏生短硬伏毛,带红色,中上部多分枝,节部明显膨大。叶卵状披针形,两面密被短硬伏毛,具缘毛;无辛辣味,叶腋无闭花受精花。托叶鞘筒状,膜质,具粗壮的长缘毛。总状花序呈穗状,顶生或腋生,花稀疏,上部下垂,下部间断;每苞内具3~4朵花;花梗比苞片长;花被5深裂,绿色,上部红色,密生淡紫色透明腺点;雄蕊8枚,花柱3个。瘦果卵形,具3棱。
物种分布:我国除西部高原以外广布,朝鲜、日本及亚洲南部也有。长荡湖周边路旁偶见。

水蓼 *Polygonum hydropiper* L.

科属:蓼科Polygonaceae　蓼属*Polygonum*

特征简介:一年生草本。茎直立,无毛,节膨大。叶披针形,具缘毛,两面无毛,被褐色小点,具辛辣味,叶腋具闭花受精花;托叶鞘疏生短硬伏毛,具短缘毛,托叶鞘内常藏有花簇。总状花序穗状,常下垂,花稀疏,下部间断;苞片疏生短缘毛,每苞内具3~5朵花;花梗比苞片长;花被5深裂,绿色,上部白色或淡红色,被黄褐色透明腺点;雄蕊6枚,稀8枚,比花被短;花柱2~3个。瘦果卵形,具3棱。本种与伏毛蓼相似,区别在于本种嚼之有辛辣味,托叶鞘缘毛更短。

物种分布:分布于我国南北各省,北半球广布。长荡湖湖滩、沟渠、田埂等地偶见。

植株

托叶鞘

长鬃蓼 *Polygonum longisetum* De Br.

科属:蓼科Polygonaceae　蓼属*Polygonum*

别名:马蓼

特征简介:一年生草本。茎直或基部近平卧,自基部分枝,无毛,节部稍膨大。叶披针形或宽披针形,顶端急尖或狭尖,基部楔形,上面近无毛,下面沿叶脉具短伏毛,具缘毛;近无柄;托叶鞘疏生柔毛,缘毛长6~7毫米。总状花序呈穗状,顶生或腋生,下部间断,直立;苞片无毛,边缘具长缘毛,每苞内具5~6朵花;花梗与苞片近等长;花被5深裂,淡红色或紫红色;雄蕊6~8枚;花柱3个。瘦果宽卵形,具3棱。

物种分布:我国除西部以外皆产,南亚各国也有。长荡湖堤坝、田埂常见。

植株

托叶鞘及叶基

圆基长鬃蓼 *Polygonum longisetum* var. *rotundatum* A. J. Li

科属:蓼科Polygonaceae　蓼属*Polygonum*

特征简介:本变种与原变种的区别在于本种叶基部圆形或近圆形。本种与长鬃蓼的区别在于本种叶基部圆形,穗较窄,此外,本种花序有时为淡绿色。

物种分布:我国除新疆以外各地皆有分布。分布同长鬃蓼。

群聚

托叶鞘及叶基

丛枝蓼 *Polygonum posumbu* Buch.-Ham. ex D. Don

科属:蓼科Polygonaceae　蓼属*Polygonum*

别名:长尾叶蓼

特征简介:一年生草本。茎细弱,无毛,具纵棱,下部多分枝,外倾。叶卵状披针形或卵形,顶端尾状渐尖,基部宽楔形,纸质,两面疏生硬伏毛或近无毛,具缘毛;托叶鞘具硬伏毛,缘毛粗壮。总状花序穗状,顶生或腋生,细弱,下部间断,花稀疏;每苞片内具3~4朵花;花梗短,花被5深裂,淡红色;雄蕊8枚,比花被短;花柱3个。瘦果卵形,具3棱。本种叶片先端尾状渐尖,花序细弱且稀疏,下部间断,花梗短,小花不伸出苞片。

物种分布:我国黄河流域及其以南有分布,印度尼西亚及印度也有。长荡湖村庄附近有分布。

群聚

托叶鞘

愉悦蓼 *Polygonum jucundum* Meisn.

科属: 蓼科Polygonaceae　蓼属*Polygonum*

特征简介: 一年生草本。茎直立,基部近平卧,多分枝,无毛。叶椭圆状披针形,两面疏生硬伏毛或近无毛;托叶鞘缘毛长近1厘米。总状花序呈穗状,顶生或腋生,花排列紧密;每苞内具3~5朵花;花梗明显比苞片长;花被5深裂,花被片长圆形;雄蕊7~8枚;花柱3个。瘦果卵形。本种植株总体无毛,穗上小花排列紧密,花梗明显比苞片长,小花伸出苞片外,花序下部花先开放。
物种分布: 我国黄河流域以南广布。长荡湖周边堤坝、路旁、草地皆有分布。

群聚

植株

托叶鞘

杠板归 *Polygonum perfoliatum* L.

科属: 蓼科Polygonaceae　蓼属*Polygonum*

特征简介: 一年生草本。茎攀援,多分枝,具纵棱,沿棱具稀疏的倒生皮刺。叶三角形,薄纸质,下面沿叶脉疏生皮刺;叶柄与叶片近等长,具倒生皮刺,盾状着生;托叶鞘叶状,圆形或近圆形,穿叶。总状花序呈短穗状,每苞片内具花2~4朵;花被5深裂,白色或淡红色,果时增大,深蓝色;雄蕊8枚,略短于花被;花柱3个。瘦果球形,黑色,有光泽,包于宿存花被内。
物种分布: 我国除新疆、西藏、青海以外全国广布,亚洲其他国家也有。长荡湖周边分布于草丛、林缘等生境。

植株

何首乌 *Fallopia multiflora* (Thunb.) Harald.

科属：蓼科 Polygonaceae　何首乌属 *Fallopia*

特征简介：多年生草本。块根肥厚,长椭圆形,黑褐色。茎缠绕,长2~4米,多分枝,具纵棱,无毛,微粗糙,下部木质化。叶卵形或长卵形,顶端渐尖,基部心形或近心形,全缘;托叶鞘膜质,偏斜,无毛。花序圆锥状,顶生或腋生,分枝开展,具细纵棱;苞片三角状卵形,每苞内具2~4朵花;花梗细弱,果时延长;花被5深裂,白色或淡绿色;雄蕊8枚;花柱3个。瘦果卵形,具3棱,包于宿存花被内。

物种分布：我国黄河流域及其以南广布。长荡湖周边分布于林下、村庄、地畔等生境。

藤蔓

果实

虎杖 *Reynoutria japonica* Houtt.

科属：蓼科 Polygonaceae　虎杖属 *Reynoutria*

特征简介：多年生草本。茎直立,粗壮,空心,具明显纵棱,具小突起,无毛,散生红色或紫红斑点。叶宽卵形或卵状椭圆形,近革质,顶端渐尖,基部宽楔形、截形或近圆形,全缘,两面无毛;托叶鞘膜质,偏斜,无缘毛。花单性,雌雄异株,花序圆锥状;每苞内具2~4朵花;花被5深裂,淡绿色,雄蕊8枚,比花被长;雌花花被片外面3片背部具翅,果时增大,翅扩展下延,花柱3个,柱头流苏状。瘦果卵形,包于宿存花被内。

幼苗

物种分布：我国黄河流域以南广布,朝鲜、日本也有。长荡湖堤坝偶见。

花期

果期

羊蹄 *Rumex japonicus* Houtt.

科属:蓼科 Polygonaceae　酸模属 *Rumex*

植株

特征简介:多年生草本。茎直立,具沟槽。基生叶长圆形或披针状长圆形,基部圆形或心形,边缘微波状;茎上部叶狭长圆形;托叶鞘膜质,易破裂。花序圆锥状;花梗细长,中下部具关节;花被片6片,淡绿色,外花被片椭圆形,内花被片果时增大,宽心形,边缘具不整齐小齿,齿长0.3~0.5毫米,全部具小瘤,小瘤长卵形。瘦果宽卵形,具3锐棱。

物种分布:我国除新疆、西藏、青海以外全国广布,朝鲜、日本也有。长荡湖周边堤坝、田埂、湖滩等生境常见。

群聚

果期

齿果酸模 *Rumex dentatus* L.

科属:蓼科 Polygonaceae　酸模属 *Rumex*

特征简介:一年生草本。茎直立,具浅沟槽。茎下部叶长圆形或长椭圆形,基部圆形或近心形,边缘浅波状,茎生叶较小。花序总状,顶生和腋生,具叶,间断;外花被片椭圆形,内花被片三角状卵形,果时增大,边缘每侧具2~4个刺状齿,齿长1.5~2毫米,瘦果卵形,具3锐棱。本种与羊蹄相似,区别在于本种内花被片外缘具2~4个刺状齿,果期尤其明显,而羊蹄花被片外缘小齿数量更多,齿相对更短。

物种分布:我国除新疆、西藏、青海以外全国广布,印度至欧洲东南部皆有分布。长荡湖湖滩偶见。

植株

漆姑草 *Sagina japonica* (Sw.) Ohwi

科属: 石竹科 Caryophyllaceae　漆姑草属 *Sagina*

特征简介: 一年生小草本。高5~20厘米, 茎丛生, 稍铺散。叶片线形, 顶端急尖, 无毛。花小形, 单生枝端; 花梗细, 被稀疏短柔毛; 萼片5片, 卵状椭圆形, 顶端尖或钝, 外面疏生短腺柔毛, 边缘膜质; 花瓣5片, 狭卵形, 稍短于萼片, 白色, 顶端圆钝; 雄蕊5枚, 短于花瓣; 子房卵圆形, 花柱5个, 线形。蒴果卵圆形, 微长于宿存萼, 5瓣裂。

物种分布: 我国除新疆以外各省皆产, 印度、尼泊尔也有。长荡湖周边路旁常见。

花期

果期

鹅肠菜 *Myosoton aquaticum* (L.) Moench

科属: 石竹科 Caryophyllaceae　鹅肠菜属 *Myosoton*
别名: 牛繁缕

特征简介: 二年或多年生草本。茎上升, 多分枝, 上部被腺毛。叶片卵形或宽卵形, 顶端急尖, 基部稍心形, 有时边缘具毛; 上部叶常无柄或具短柄, 疏生柔毛。顶生2歧聚伞花序; 苞片叶状, 边缘具腺毛; 花梗细, 花后伸长并下弯; 萼片卵状披针形或长卵形, 边缘狭膜质; 花瓣白色, 2深裂至基部; 雄蕊10枚, 稍短于花瓣; 子房长圆形, 花柱短, 线形。蒴果卵圆形, 稍长于宿存萼。

花期

物种分布: 原产于欧洲, 我国南北各省归化。长荡湖周边路旁常见。

189

球序卷耳 *Cerastium glomeratum* Thuill.

科属：石竹科Caryophyllaceae 卷耳属*Cerastium*

特征简介：一年生草本。茎单生或丛生，密被长柔毛，上部混生腺毛。茎下部叶叶片匙形，顶端

钝，基部渐狭成柄状；上部茎生叶叶片倒卵状椭圆形，两面皆被长柔毛，具缘毛。聚伞花序呈簇生状或头状；花序轴密被腺柔毛；苞片草质，卵状椭圆形，密被柔毛；花梗细，长约2~3毫米，密被柔毛；萼片5片，披针形，顶端尖，外面密被长腺毛；花瓣5片，白色，线状长圆形，长于萼片，顶端2浅裂；雄蕊明显短于萼；花柱5个。蒴果长圆柱形，长于宿存萼0.5~1倍，顶端10齿裂。

物种分布：原产于欧洲，我国淮河流域及其以南归化。长荡湖周边路旁、田埂、荒地常见。

繁缕 *Stellaria media* (L.) Villars

科属：石竹科Caryophyllaceae 繁缕属*Stellaria*

特征简介：一年或二年生草本。茎俯仰或上升，基部多少分枝，常带淡紫红色，被1~2列毛。叶片宽卵形或卵形，顶端渐尖或急尖，基部渐狭或近心形，全缘；基生叶具长柄，上部叶常无柄或具短柄。疏聚伞花序顶生；花梗细弱，具1列短毛，花后伸长，下垂；萼片5片，卵状披针形；花瓣白色，长椭圆形，比萼片短，2深裂达基部；雄蕊3~5枚，短于花瓣；花柱3个，线形。蒴果卵形，稍长于宿存萼，顶端6裂。

物种分布：我国除新疆、黑龙江外，全国广布，亦为世界广布种。长荡湖周边路旁、草丛、荒地常见。

无瓣繁缕 *Stellaria pallida* (Dumortier) Crepin

科属:石竹科Caryophyllaceae 繁缕属*Stellaria*

特征简介:茎通常铺散,有时上升,基部分枝有1列长柔毛。叶小,近卵形,顶端急尖,基部楔形,两面无毛,上部及中部者无柄,下部者具长柄。2歧聚伞状花序;花梗细长;萼片披针形,顶端急尖,稀卵圆状披针形而近钝,多少被密柔毛,稀无毛;花瓣无或小,近于退化;雄蕊(0~)3~5(~10)枚;花柱极短。种子小,淡红褐色,具不显著的小瘤凸,边缘多少呈锯齿状或近平滑。

物种分布:原产于欧洲,我国江苏、新疆归化。长荡湖五叶附近湖滩有分布。

无心菜 *Arenaria serpyllifolia* L.

科属:石竹科Caryophyllaceae 无心菜属*Arenaria*
别名:蚤缀、鹅不食草

特征简介:一年或二年生草本。茎丛生,直立或铺散,密生白色短柔毛。叶片卵形,基部狭,无柄,边缘具缘毛,顶端急尖,两面近无毛或疏生柔毛。聚伞花序,具多花;苞片草质,卵形,通常密生柔毛;萼片5片,披针形,被柔毛,具显著3条脉;花瓣5片,白色,倒卵形,长为萼片的1/3~1/2;雄蕊10枚,短于萼片;子房卵圆形,无毛,花柱3个,线形。蒴果卵圆形,与宿存萼等长,顶端6裂。

物种分布:产于我国各地,广泛分布于北半球温带地区。长荡湖路旁草丛常见。

土荆芥 *Dysphania ambrosioides* (L.) Mosyakin & Clemants

科属:苋科 Amaranthaceae　腺毛藜属 *Dysphania*

特征简介:一年或多年生草本。有强烈香味;茎直立,多分枝,有色条及钝条棱;枝有短柔毛并兼有具节长柔毛。叶片矩圆状披针形至披针形,先端急尖或渐尖,边缘具稀疏不整齐的大锯齿,基部渐狭具短柄,上面平滑无毛,下面有散生油点并沿叶脉稍有毛。花2性及雌性,通常3~5个团集,生于上部叶腋;花被裂片5片,较少为3片,绿色,果时通常闭合;雄蕊5枚;花柱不明显,柱头通常3个,丝形,伸出花被外。胞果扁球形,完全包于花被内。

物种分布:原产于热带美洲,现广布于世界热带及温带地区。长荡湖周边为常见路旁杂草。

果期

藜 *Chenopodium album* L.

科属:苋科 Amaranthaceae　藜属 *Chenopodium*

特征简介:一年生草本。茎直立,粗壮,具条棱及绿色或紫红色色条,多分枝;枝条斜升或开展。叶片菱状卵形至宽披针形,基部楔形至宽楔形,上面通常无粉,有时嫩叶上有紫红色粉,下面多少有粉,边缘具不整齐锯齿。花2性,簇生枝上部排列成穗状或圆锥状花序;花被裂片5片,背面具纵隆脊,有粉;雄蕊5枚,花药伸出花被,柱头2个。果皮与种子贴生。幼苗可作蔬菜用,茎叶可喂家畜。全草又可入药,能止泻痢,止痒,可治痢疾腹泻;配合野菊花煎汤外洗,可治皮肤湿毒及周身发痒。果实称灰藋子,有些地区代"地肤子"药用。

物种分布:我国各地均产,全球温带及热带地区广布。长荡湖周边路旁、堤坝等地常见。

花期

果期

小藜 *Chenopodium ficifolium* Smith

科属:苋科 Amaranthaceae　藜属 *Chenopodium*
别名:灰菜

特征简介:一年生草本。茎直立,具条棱及绿色色条。叶片卵状矩圆形,通常3浅裂;中裂片两边近平行,先端钝或急尖并具短尖头,边缘具深波状锯齿;侧裂片位于中部以下,通常各具2浅裂齿。花2性,数个团集,排列于上部的枝上形成较开展的圆锥状花序;花被近球形,5深裂,裂片宽卵形,不开展,背面具微纵隆脊并有密粉;雄蕊5枚,开花时外伸;柱头2个,丝形。胞果包在花被内,果皮与种子贴生。

物种分布:原产于欧洲,我国除西藏以外各省归化。长荡湖周边堤坝、路旁常见。

植株

花序

千日红 *Gomphrena globosa* L.

科属:苋科 Amaranthaceae　千日红属 *Gomphrena*

特征简介:一年生直立草本。枝略呈四棱形,有灰色糙毛,节部稍膨大。叶片纸质,长椭圆形或矩圆状倒卵形,边缘波状,两面有小斑点、白色长柔毛及缘毛。花多数,密生,成顶生球形或矩圆形头状花序,单一或2~3个,直径2~2.5厘米,常紫红色;总苞为2枚绿色对生叶状苞片而成;花被片披针形;雄蕊花丝连合成管状,顶端5浅裂;花柱条形,比雄蕊管短,柱头2个。胞果近球形。

物种分布:原产于美洲热带,我国南北各省均有栽培。长荡湖附近路旁常作时令草花栽培。

花丛

地肤 *Kochia scoparia* (L.) Schrad.

科属:苋科 Amaranthaceae　地肤属 *Kochia*
别名:扫帚苗

特征简介:一年生草本。茎直立,圆柱状,稍有短柔毛或下部几无毛;分枝稀疏,斜上。叶条状披针形,无毛或稍有毛,边缘疏生锈色绢状毛。花2性或雌性,通常1~3个生于上部叶腋,构成疏穗状圆锥状花序;花被近球形,淡绿色,花被裂片近三角形;翅端附属物三角形至倒卵形;花丝丝状,花药淡黄色;柱头2个,紫褐色,花柱极短。胞果扁球形,果皮膜质,与种子离生。
物种分布:我国各地均产,也分布于欧洲及亚洲。长荡湖围堰堤坝及村庄附近有栽培,通常作扫帚用。

植株

果期

喜旱莲子草 *Alternanthera philoxeroides* (Mart.) Griseb.

科属:苋科 Amaranthaceae　莲子草属 *Alternanthera*
别名:空心莲子菜、水花生

特征简介:多年生草本。茎基部匍匐,上部上升,管状,具不明显4棱,幼茎及叶腋有白色或锈色柔毛,老时无毛。叶片矩圆形、矩圆状倒卵形或倒卵状披针形,全缘。花密生,成具总花梗的头状花序,单生在叶腋,球形;苞片及小苞片白色,苞片卵形,小苞片披针形;花被片矩圆形,白色,光亮,无毛;雄蕊基部连合成杯状;子房倒卵形,具短柄,背面侧扁,顶端圆形。
物种分布:原产于巴西,现我国各地逸生。长荡湖沿岸及周边常见。

群聚

花序

莲子草 *Alternanthera sessilis* (L.) DC.

科属:苋科 Amaranthaceae 莲子草属 *Alternanthera*

特征简介:多年生草本。茎上升或匍匐,绿色或稍带紫色,有条纹及纵沟。叶片形状及大小有变化,条状披针形、矩圆形、倒卵形、卵状矩圆形,全缘或有不明显锯齿。头状花序 1~4 个,腋生,无总花梗,初为球形,后渐成圆柱形;花密生;苞片卵状披针形,小苞片钻形;花被片卵形,白色;雄蕊 3 枚,基部连合成杯状,退化雄蕊三角状钻形;花柱极短,柱头短裂。胞果倒心形,侧扁,翅状。

物种分布:我国长江流域及其以南广布,东南亚各岛屿也有。长荡湖周边田埂及农田内常见。

花期

果期

青葙 *Celosia argentea* L.

科属:苋科 Amaranthaceae 青葙属 *Celosia*

特征简介:一年生草本。全株无毛;茎直立,有分枝,具显明条纹。叶片矩圆状披针形、披针形或披针状条形,常带红色。花多数,密生,在茎端或枝端成单一、无分枝的塔状或圆柱状穗状花序,长 3~10 厘米;苞片及小苞片披针形,顶端渐尖,延长成细芒;花被片矩圆状披针形,初为白色顶端带红色,或全部粉红色,后成白色;花药紫色;子房有短柄,花柱紫色。胞果卵形,包裹在宿存花被片内。

物种分布:原产于印度,现我国各地归化,亚洲其他地区及非洲热带均有分布。长荡湖湖堤、田埂、草地常见。

花期

195

鸡冠花 *Celosia cristata* L.

科属:苋科 Amaranthaceae 青葙属 *Celosia*

特征简介:本种和青葙极相近,但本种叶片卵形、卵状披针形或披针形;花多数,极密生,成扁平肉质鸡冠状、卷冠状或羽毛状的穗状花序,1个大花序下面有数个较小的分枝,圆锥状矩圆形,表面羽毛状;花被片红色、紫色、黄色、橙色或红色与黄色相间。

物种分布:我国南北各地均有栽培,广布于温暖地区。长荡湖周边村庄附近有栽培。

植株

牛膝 *Achyranthes bidentata* Blume

科属:苋科 Amaranthaceae 牛膝属 *Achyranthes*

特征简介:多年生草本。茎有棱角或四方形,绿色或带紫色,有白色贴生或开展柔毛,或近无毛,分枝对生,节处常膨大,似牛膝状。叶片椭圆形或椭圆状披针形,两面有贴生或开展柔毛。穗状花序顶生及腋生,花期后反折;花多数,密生;花被片披针形;雄蕊长2~2.5毫米;退化雄蕊顶端平圆。胞果矩圆形。

物种分布:我国除东北以外全国广布,亚洲其他地区及非洲均有分布。长荡湖周边为路旁常见杂草。

果期

植株(节膨大)

196

凹头苋 *Amaranthus blitum* L.

科属：苋科 Amaranthaceae　苋属 *Amaranthus*

特征简介：一年生草本。全株无毛；茎伏卧而上升，从基部分枝。叶片卵形或菱状卵形，顶端凹缺，有1个芒尖，或微小不显。花成腋生花簇，直至下部叶的腋部，生在茎端和枝端者成直立穗状花序或圆锥花序；花被片矩圆形或披针形，淡绿色；雄蕊3枚，比花被片稍短；柱头2或3个。胞果扁卵形，不裂，微皱缩而近平滑，超出宿存花被片。本种与皱果苋相似，但本种的茎伏卧而上升，由基部分枝，花簇多腋生，顶生穗细长，间断，胞果微皱缩而近平滑，可据此区别。

物种分布：原产于热带美洲，我国除西部各省以外，全国各地归化。长荡湖周边路旁、村庄附近及堤坝均有分布。

皱果苋 *Amaranthus viridis* L.

科属：苋科 Amaranthaceae　苋属 *Amaranthus*

特征简介：一年生草本。全株无毛；茎直立，有不明显棱角，稍有分枝。叶片卵形或卵状椭圆形，顶端尖凹或凹缺，少数圆钝，有1个芒尖。圆锥花序顶生，有分枝，由穗状花序形成，圆柱形，细长，直立，顶生花穗比侧生者长；花被片矩圆形或宽倒披针形，内曲；雄蕊3枚，比花被片短；柱头2或3个。胞果扁球形，不裂，极皱缩，超出花被片。本种与凹头苋相似，但本种茎直立，花序顶生，少量腋生，果极皱缩。

物种分布：原产于南美洲，现广泛分布于全球温带、亚热带和热带地区。长荡湖周边路旁、村庄附近常见。

苋 *Amaranthus tricolor* L.

科属:苋科 Amaranthaceae　苋属*Amaranthus*

特征简介:一年生草本。茎粗壮,绿色或红色,常分枝,无毛或幼时有毛。叶片卵形、菱状卵形,绿色或红色,紫色或黄色,或部分绿色夹杂其他颜色,顶端圆钝或尖凹,具凸尖。花簇腋生,直到下

部叶,或同时具顶生花簇,成下垂的穗状花序;花簇球形;花被片矩圆形,顶端有1个长芒尖;雄蕊3枚,比花被片长。胞果卵状矩圆形,环状横裂,包裹在宿存花被片内。本种全株无毛,叶片比凹头苋和皱果苋大,花簇从基部叶腋至枝顶均有,雄蕊3枚。

物种分布:原产于印度,现我国各地均有栽培,有时逸为半野生。长荡湖周边菜地有栽培,村庄附近有逸生。

绿穗苋 *Amaranthus hybridus* L.

科属:苋科 Amaranthaceae　苋属*Amaranthus*

特征简介:一年生草本。茎直立,分枝,有开展柔毛。叶片卵形或菱状卵形,顶端急尖或微凹,具凸尖,上面近无毛,下面疏生柔毛;叶柄有柔毛。圆锥花序顶生,上升稍弯曲,有分枝;花被片5片,矩圆状披针形;雄蕊5枚,略和花被片等长或稍长;柱头3个。胞果卵形,超出宿存花被片。本种全株被毛,穗顶生或腋生,顶生穗较细长,花被5片,雄蕊5枚,苞片较短,胞果超出宿存花被片。

物种分布:原产于美洲,我国黄河流域以南各省归化。长荡湖附近荒地及村庄有分布。

果期

刺苋 *Amaranthus spinosus* L.

科属:苋科 Amaranthaceae　苋属 *Amaranthus*

特征简介:一年生草本。茎直立,圆柱形或钝棱形,多分枝,有纵条纹,无毛或稍有柔毛。叶片菱状卵形或卵状披针形,顶端圆钝,具微凸头;叶柄无毛,在其旁有2个刺。圆锥花序腋生及顶生,下部顶生花穗常全部为雄花;苞片在腋生花簇及顶生花穗基部者变成尖锐直刺;花被片绿色;雄蕊花丝略和花被片等长或较短;柱头3个,有时2个。胞果矩圆形,包裹在宿存花被片内。本种全株无毛,茎多为紫红色,叶腋有长达1厘米的刺。

物种分布:原产于热带美洲,我国黄河流域及其以南归化。长荡湖围堰堤坝有分布。

垂序商陆 *Phytolacca americana* L.

科属:商陆科 Phytolaccaceae　商陆属 *Phytolacca*
别名:美洲商陆

特征简介:多年生草本。高1~2米,根粗壮,肥大。茎圆柱形,常带紫红色。叶片椭圆状卵形或卵状披针形,顶端急尖,基部楔形。总状花序顶生或侧生;花白色,微带红晕;花被片5片,雄蕊10枚,心皮10片,花柱10个,心皮合生。果序下垂;浆果扁球形,熟时紫黑色;种子肾圆形。本种与商陆 *Phytolacca acinosa* 相似,但本种花序和果序下垂,雄蕊10枚,心皮10片,而商陆花序直立,雄蕊8枚,心皮通常为8片。

物种分布:原产于北美,引入我国栽培后逸生,现全国大部分省份均有分布。长荡湖周边路旁、草丛常见。

紫茉莉 *Mirabilis jalapa* L.

科属：紫茉莉科Nyctaginaceae　紫茉莉属*Mirabilis*

特征简介：一年生草本。茎直立，圆柱形，多分枝，无毛或疏生细柔毛，节稍膨大。叶片卵形或卵状三角形，全缘，两面均无毛。花常数朵簇生枝端；总苞钟形，5裂，裂片三角状卵形，顶端渐尖，果时宿存；花被紫红色、黄色、白色或杂色，高脚碟状，5浅裂；花午后开放，有香气，次日午前凋萎；雄蕊5枚，花丝细长，常伸出花外，花药球形；花柱单生，线形，伸出花外，柱头头状。瘦果球形，黑色，表面具皱纹。

物种分布：原产于热带美洲，我国南北各地常见栽培。长荡湖周边村庄附近及大涪山均有栽培。

花期

黄花型

粟米草 *Mollugo stricta* L.

科属：粟米草科Molluginaceae　粟米草属*Mollugo*

特征简介：铺散一年生草本。高10~30厘米；茎纤细，多分枝，有棱角，无毛，老茎通常淡红褐色。叶3~5片假轮生或对生，叶片披针形或线状披针形，全缘；叶柄短或近无柄。花极小，组成疏松聚伞花序，花序梗细长，顶生或与叶对生；花被片5片，淡绿色，椭圆形或近圆形；雄蕊通常3枚，花丝基部稍宽；子房3室，花柱3个，短，线形。蒴果近球形，与宿存花被等长，3瓣裂。

物种分布：产于我国秦岭、黄河以南，亚洲热带和亚热带地区也有。长荡湖周边为常见农田杂草。

花期

果期

落葵 *Basella alba* L.

科属:落葵科 Basellaceae　落葵属 *Basella*

特征简介:一年生缠绕草本。茎长可达数米,无毛,肉质,绿色或略带紫红色。叶片卵形或近圆形,基部微心形或圆形,下延成柄,全缘;叶柄有凹槽。穗状花序腋生;小苞片2枚,萼状,宿存;花被片下部白色,顶部淡红色,卵状长圆形,内折,连合成筒;雄蕊着生花被筒口,花丝短,花药淡黄色;柱头椭圆形。果实球形,红色至深红色或黑色,多汁液。

物种分布:原产于亚洲热带地区,我国南北各地多有栽培。长荡湖南部村庄附近有栽培。

马齿苋 *Portulaca oleracea* L.

科属:马齿苋科 Portulacaceae　马齿苋属 *Portulaca*

特征简介:一年生草本。全株无毛,茎平卧或斜倚,伏地铺散,多分枝,圆柱形,淡绿色或带暗红色。叶互生,有时近对生,叶片扁平,肥厚,倒卵形,似马齿状,顶端圆钝或平截,有时微凹。花无梗,常3~5朵簇生枝端;萼片2片,对生,绿色,盔形;花瓣5片,稀4片,黄色;雄蕊通常8枚或更多;子房无毛,花柱比雄蕊稍长,柱头4~6裂,线形。蒴果卵球形,盖裂。

物种分布:我国南北各地均产,广布于全世界温带和热带地区。长荡湖周边为路旁、荒地常见杂草。

大花马齿苋 *Portulaca grandiflora* **Hook.**

科属：马齿苋科Portulacaceae　马齿苋属*Portulaca*
别名：太阳花、午时花

特征简介： 一年生草本。高10~30厘米；茎平卧或斜升，紫红色，多分枝，节上丛生毛。叶密集枝端，较下的叶分开。花单生或数朵簇生枝端，日开夜闭；总苞8~9片，叶状，轮生；萼片2片，淡黄绿色，卵状三角形；花瓣5片或重瓣，倒卵形，顶端微凹，红色、紫色或黄白色；雄蕊多数，花丝紫色，基部合生；花柱与雄蕊近等长，柱头5~9裂，线形。蒴果近椭圆形，盖裂。
物种分布： 原产于巴西，我国广泛栽培。长荡湖周边常作时令草花栽培。

黄花型　　紫花型

凤仙花 *Impatiens balsamina* **L.**

科属：凤仙花科Balsaminaceae　凤仙花属*Impatiens*

特征简介： 一年生草本。茎粗壮，肉质，直立。叶片披针形、狭椭圆形或倒披针形，边缘有锐锯齿，向基部常有数对无柄的黑色腺体，两面无毛或被疏柔毛；叶柄两侧具数对具柄的腺体。花单生或2~3朵簇生于叶腋，白色、粉红色或紫色，单瓣或重瓣；花梗密被柔毛；侧生萼片2片，卵形，唇瓣深舟状，基部急尖成内弯的距；旗瓣圆形，兜状，先端微凹，背面中肋具狭龙骨状突起，翼瓣具短柄；雄蕊5枚，花丝线形，花药卵球形，顶端钝；子房纺锤形，密被柔毛。蒴果宽纺锤形。
物种分布： 我国各地庭园广泛栽培。长荡湖周边村庄常见栽培。

花期　　果期

丛生福禄考 *Phlox subulata* L.

科属:花葱科Polemoniaceae　福禄考属*Phlox*
别名:针叶天蓝绣球

特征简介:多年生矮小草本。茎丛生,铺散,多分枝,被柔毛。叶对生或簇生于节上,钻状线形或线状披针形,长1~1.5厘米,锐尖,被开展的短缘毛;无叶柄。花数朵生枝顶,成简单的聚伞花序,花梗纤细,密被短柔毛;花萼外面密被短柔毛,萼齿线状披针形,与萼筒近等长;花冠高脚碟状,淡红、紫色或白色,裂片倒卵形,凹头,短于花冠管。蒴果长圆形,高约4毫米。
物种分布:原产于北美东部,我国华东地区引种栽培。长荡湖管委会及周边公园常作地被栽培。

群聚

花期

星宿菜 *Lysimachia fortunei* Maxim.

科属:报春花科Primulaceae　黄连花属*Lysimachia*
别名:红根草

特征简介:多年生草本。全株无毛,根状茎横走,紫红色。茎直立,圆柱形,有黑色腺点,基部紫红色,通常不分枝。叶互生,近于无柄,叶片长圆状披针形至狭椭圆形,两面均有黑色腺点。总状花序顶生,细瘦,长10~20厘米;花萼分裂近达基部,有腺状缘毛,背面有黑色腺点;花冠白色,有黑色腺点;雄蕊比花冠短,花丝贴生于花冠裂片下部;子房卵圆形,花柱粗短,长约1毫米。蒴果球形。
物种分布:我国长江流域以南有分布,日本、越南也有。长荡湖湖堤、田埂偶见。

花期

根状茎(紫红色,横走)

泽珍珠菜 *Lysimachia candida* Lindl.

科属:报春花科Primulaceae　珍珠菜属*Lysimachia*

特征简介:一年或二年生草本。全株无毛,茎单生或数条簇生,直立。基生叶匙形或倒披针形,具有狭翅的柄;茎叶互生,叶片倒卵形、倒披针形或线形,基部渐狭,下延,边缘全缘或微皱呈波状,两面均有黑色或带红色的小腺点。总状花序顶生,初时因花密集而呈阔圆锥形,其后渐伸长;花萼分裂近达基部;花冠白色;雄蕊稍短于花冠;子房无毛。蒴果球形。

物种分布:分布于我国秦岭淮河以南,中南半岛也有。长荡湖周边湖堤、田埂常见。

金爪儿 *Lysimachia grammica* Hance

科属:报春花科Primulaceae　珍珠菜属*Lysimachia*

特征简介:茎簇生,直立,圆柱形,密被多细胞柔毛,有黑色腺条,通常多分枝。叶在茎下部对生,在上部互生,两面均被多细胞柔毛,密布黑色腺条;叶柄具狭翅。花单生于茎上部叶腋;花梗丝状,超过叶长,花后下弯;花萼分裂近基部,裂片卵状披针形;花冠黄色;花丝下部合生成高约0.5毫米的环;子房被毛。蒴果近球形,淡褐色。

物种分布:分布于我国长江流域各省及陕西、河南。长荡湖大涪山山脚湖堤有分布。

点地梅 *Androsace umbellata* (Lour.) Merr.

科属:报春花科Primulaceae　点地梅属*Androsace*

特征简介:一年或二年生草本。叶全部基生,近圆形,边缘具三角状钝齿,两面均被贴伏的短柔毛;叶柄长1~4厘米,被开展的柔毛。花葶通常数枚自叶丛中抽出,高4~15厘米,被白色短柔毛。伞形花序具4~15朵花,苞片卵形至披针形;花梗细长,被柔毛并杂生短柄腺体;花萼杯状,分裂近达基部;花冠白色,短于花萼,喉部黄色。蒴果近球形。

物种分布:我国除新疆、西藏、青海以外各省皆有。长荡湖早春季节路旁、草丛等生境偶见。

植株　花序

山茶 *Camellia japonica* L.

科属:山茶科Theaceae　山茶属*Camellia*

特征简介:灌木或小乔木。嫩枝有毛;叶革质,椭圆形,花顶生,红色,无柄;苞片及萼片约10片,组成长约2.5~3厘米的杯状苞被,半圆形至圆形,外面有绢毛,脱落;花瓣6~7片,或栽培品种为重瓣,几离生;雄蕊3轮,外轮花丝基部连生,内轮雄蕊离生,稍短,子房无毛,花柱先端3裂。蒴果圆球形,果爿厚木质。

物种分布:我国华南有野生,全国各地广泛栽培。长荡湖周边公园常见栽培。

花期

茶梅 *Camellia sasanqua* **Thunb.**

科属:山茶科Theaceae　山茶属*Camellia*

特征简介:灌木或小乔木。嫩枝有毛;叶革质,椭圆形,无毛,侧脉上部不明显,下部明显,边缘有细锯齿。花大小不一,直径4~7厘米;苞及萼片6~7片,被柔毛;花瓣6~7片或重瓣,阔倒卵形,近离生,大小不一,红色;雄蕊离生,多数,子房被茸毛,花柱3深裂几及离部。蒴果球形,果爿3裂,种子褐色,无毛。

物种分布:多分布于日本,我国有栽培品种。长荡湖周边公园常见栽培。

锦绣杜鹃 *Rhododendron × pulchrum* **Sweet**

科属:杜鹃花科Ericaceae　杜鹃花属*Rhododendron*
别名:毛鹃

特征简介:半常绿灌木。幼枝密被淡棕色扁平糙伏毛。叶椭圆形或椭圆状披针形,先端钝尖,基部楔形,上面初被伏毛,后近无毛,下面被微柔毛及糙伏毛。花芽芽鳞沿中部被淡黄褐色毛,内有黏质。顶生伞形花序有1~5朵花。花梗被红棕色扁平糙伏毛;花萼5裂,裂片披针形;花冠漏斗形,玫瑰色,有深紫红色斑点,5裂;雄蕊10枚,花丝下部被柔毛;子房被糙伏毛,花柱无毛。蒴果长圆状卵圆形,被糙伏毛,有宿萼。

物种分布:本种未见野生,我国南北各地多见栽培。长荡湖周边公园广泛栽培。

猪殃殃 *Galium spurium* **L.**

科属:茜草科Rubiaceae　拉拉藤属*Galium*

特征简介:蔓生或攀缘状草本。茎具4棱;棱上、叶缘、叶脉上均有倒生的小刺毛。叶纸质或近膜

质,6~8片轮生,稀为4~5片,带状倒披针形,顶端有针状凸尖头,基部渐狭,两面常有紧贴的刺状毛,近无柄。聚伞花序腋生或顶生,少至多花,花小,4数;花萼被钩毛,萼檐近截平;花冠黄绿色或白色,辐状;子房被毛,花柱2裂至中部,柱头头状。果干燥,有1或2个近球状的分果爿。

物种分布:我国除海南以外各省皆有,北半球广布。长荡湖周边路旁、堤坝、田埂等地常见。

鸡矢藤 *Paederia foetida* L.

科属:茜草科 Rubiaceae　鸡矢藤属 *Paederia*

特征简介:藤本。茎长3~5米,无毛或被毛。叶对生,纸质或近革质,形状变化很大,卵形、卵状长圆形至披针形,基部楔形、近圆或截平,有时浅心形,两面无毛或被毛。圆锥花序式的聚伞花序腋生和顶生,扩展,分枝对生,末次分枝上着生的花常呈蝎尾状排列;小苞片披针形,花具短梗或无;萼管陀螺形,萼檐裂片5片,裂片三角形;花冠浅紫色,管长7~10毫米,外面被粉末状柔毛,里面被绒毛,顶部5裂,花药背着,花丝长短不齐。果球形,成熟时近黄色,有光泽,平滑。
物种分布:我国秦岭淮河一线以南广布,亚洲其他国家也有。长荡湖周边林缘、堤坝等生境均有分布。

花期　果期

白蟾 *Gardenia jasminoides* var. *fortuneana* (Lindl.) H. Hara

科属:茜草科 Rubiaceae　栀子属 *Gardenia*
别名:大花栀子、重瓣栀子

特征简介:灌木。枝圆柱形,灰色。叶对生,革质,叶长圆状披针形,顶端渐尖,基部楔形;侧脉在下部突起,在上部平;托叶膜质。花芳香,通常单朵生于枝顶,萼管倒圆锥形或卵形,有纵棱,萼檐管形,膨大,顶部5~8裂,通常6裂,裂片披针形或线状披针形,宿存;花冠白色或乳黄色,高脚碟状,喉部有疏柔毛,顶部5~8裂,通常6裂,裂片广展;花丝极短,花药线形;花柱粗厚,柱头纺锤形,伸出。果卵形,黄色或橙红色,有翅状纵棱5~9条,顶部宿存萼片长达4厘米。
物种分布:我国中部以南各省有栽培。长荡湖附近村庄有栽培。

花期　果期

长春花 *Catharanthus roseus* (L.) G. Don

科属:夹竹桃科 Apocynaceae　长春花属 *Catharanthus*

特征简介:半灌木。略有分枝,全株无毛或仅有微毛;茎近方形,有条纹,灰绿色。叶膜质,倒卵状长圆形,先端浑圆,有短尖头,基部广楔形至楔形,渐狭而成叶柄。聚伞花序腋生或顶生,有花2~3朵;花萼5深裂,萼片披针形或钻状渐尖;花冠红色,高脚碟状,花冠筒圆筒状,内面具疏柔毛,喉部紧缩,具刚毛;花冠裂片宽倒卵形;雄蕊着生于花冠筒的上半部,花药隐藏于花喉之内,与柱头离生。蓇葖果双生,直立,平行或略叉开。

物种分布:原产于非洲东部,我国南方各省广泛栽培。长荡湖地区作为时令花卉栽培。

萝藦 *Metaplexis japonica* (Thunb.) Makino

科属:夹竹桃科 Apocynaceae　萝藦属 *Metaplexis*

特征简介:多年生草质藤本。具乳汁;茎圆柱状,下部木质化。叶纸质,卵状心形,顶端短渐尖,基部心形,叶耳圆;叶柄长,顶端具丛生腺体。总状式聚伞花序腋生或腋外生,具长总花梗;着花通常13~15朵;花蕾圆锥状,顶端尖;花萼裂片披针形;花冠白色,有淡紫红色斑纹,花冠筒短;副花冠环状,短5裂,裂片兜状;雄蕊连生成圆锥状,并包围雌蕊在其中;子房无毛,柱头延伸成1个长喙,顶端2裂。蓇葖叉生,纺锤形,平滑无毛,顶端急尖,基部膨大。

物种分布:我国东北至华东各省有分布,日本、朝鲜也有。长荡湖周边草丛、林缘有分布。

夹竹桃 *Nerium oleander* L.

科属:夹竹桃科 Apocynaceae　夹竹桃属 *Nerium*

特征简介:常绿小乔木或呈灌木状。具水液;叶3片轮生,稀对生,革质,窄椭圆状披针形,先端渐尖或尖,基部楔形或下延。聚伞花序组成伞房状顶生;花芳香,花萼裂片窄三角形或窄卵形;花冠漏斗状,裂片向右覆盖,粉红或深红色,单瓣或重瓣,花冠筒喉部宽大;副花冠裂片5片,流苏状撕裂;雄蕊着生花冠筒顶部,花药附着柱头,基部耳状;无花盘;心皮2片,离生。蓇葖果2个,离生,圆柱形。

物种分布:原产于西亚,现我国各省区皆有栽培,尤以南方为多。长荡湖周边公路旁及公园常见栽培。

白花夹竹桃 *Nerium oleander* 'Paihua'

科属:夹竹桃科 Apocynaceae　夹竹桃属 *Nerium*

特征简介:常绿小乔木或呈灌木状。枝灰绿色,嫩枝具棱,幼时有微毛,老时秃净。叶3~4片轮生,下部叶片常对生,革质,线状披针形,先端渐尖,基部楔形,边缘翻卷。聚伞花序顶生,多花;花芳香,花萼5深裂;花冠漏斗状,白色,喉部5片撕裂的副花冠;雄蕊5枚,内藏,花丝短,有长柔毛,花药箭头;心皮2片,离生,柱头圆球形。蓇葖果2个,离生,圆柱形。

物种分布:原产于伊朗、尼泊尔等西亚国家,现我国各省区皆有栽培,尤以南方为多。长荡湖周边公路旁及公园常见栽培。

络石 *Trachelospermum jasminoides* (Lindl.) Lem.

科属: 夹竹桃科Apocynaceae   络石属*Trachelospermum*

特征简介: 常绿木质藤本。具乳汁;茎赤褐色,圆柱形,有皮孔。叶革质,椭圆形至卵状椭圆形,无毛;叶柄内和叶腋外腺体钻形。2歧聚伞花序腋生或顶生,花多朵组成圆锥状;花白色,芳香;苞片及小苞片狭披针形;花萼5深裂,裂片线状披针形,顶部反卷;花蕾顶端钝,花冠筒圆筒形,中部膨大,喉部及雄蕊着生处被短柔毛,花冠无毛;雄蕊着生在花冠筒中部,腹部粘生在柱头上;花盘环状5裂与子房等长,花柱圆柱状。蓇葖双生,叉开。

物种分布: 我国秦岭淮河以南广布,亚洲其他地区也有。长荡湖大涪山山坡、公园围墙等地常见。

花期

果期

花叶络石 *Trachelospermum jasminoides* 'Flame'

科属: 夹竹桃科Apocynaceae   络石属*Trachelospermum*

群聚

特征简介: 常绿木质藤蔓植物。茎有不明显皮孔。小枝、嫩叶柄及叶背面被短柔毛,老枝叶无毛。叶革质,椭圆形至卵状椭圆形或宽倒卵形。老叶近绿色或淡绿色,第1轮新叶粉红色,少数有2~3对粉红叶,第2至第3对为纯白色叶,在纯白叶与老绿叶间有数对斑状花叶,整株叶色丰富,色彩斑斓。

物种分布: 我国近年来由日本引入,长荡湖水城有栽培。

梓木草 *Lithospermum zollingeri* A. DC.

科属：紫草科 Boraginaceae　紫草属 *Lithospermum*

特征简介：多年生匍匐草本。匍匐茎有开展的糙伏毛；直立茎高5~25厘米。基生叶有短柄,叶片倒披针形或匙形,被短糙伏毛；茎生叶与基生叶同形而较小。花序有花1朵至数朵,苞片叶状；花萼裂片线状披针形,两面都有毛；花冠蓝色或蓝紫色,筒部与檐部无明显界限,喉部有5条向筒部延伸的纵褶,稍肥厚并有乳头；雄蕊着生纵褶之下,柱头头状。小坚果斜卵球形。

花期

物种分布：我国秦岭往东南至华东地区各省有分布,贵州和台湾也有。长荡湖大涪山林下有分布。

田紫草 *Lithospermum arvense* L.

科属：紫草科 Boraginaceae　紫草属 *Lithospermum*
别名：麦家公

特征简介：一年生草本。茎通常单一,分枝,有短糙伏毛。叶无柄,倒披针形至线形,两面均有短

花期

糙伏毛。聚伞花序生枝上部,苞片与叶同形而较小；花序排列稀疏,有短花梗；花萼裂片线形,两面均有短伏毛；花冠高脚碟状,白色,有时蓝色或淡蓝色,檐部长约为筒部的一半,喉部无附属物,但有5条延伸到筒部的毛带；雄蕊着生花冠筒下部；柱头头状。小坚果三角状卵球形,有疣状突起。

物种分布：我国除西南山地以外全国广布,欧洲也有。长荡湖五叶附近湖堤有分布。

多苞斑种草 *Bothriospermum secundum* Maxim.

科属：紫草科 Boraginaceae　斑种草属 *Bothriospermum*

特征简介：一年或二年生草本。基部分枝,常细弱,开展或向上直伸,被向上开展的硬毛及伏毛。基生叶具柄,倒卵状长圆形；茎生叶长圆形或卵状披针形,无柄,两面均被基部具基盘的硬毛及短硬毛。花序生茎或枝顶,花与苞片依次排列,而各偏于一侧；苞片长圆形或卵状披针形,被硬毛及短伏毛；花梗下垂；花萼裂片披针形,裂至基部；花冠蓝色至淡蓝色,喉部附属物梯形,先端微凹；花丝极短,花柱圆柱形,柱头头状。小坚果卵状椭圆形,密生疣状突起,腹面有纵椭圆形的环状凹陷。

植株

物种分布：我国长江流域及其以北各省皆有,云南也有分布。长荡湖上黄田埂偶见。

附地菜 *Trigonotis peduncularis* (Trev.) Benth. ex Baker et Moore

科属:紫草科 Boraginaceae　附地菜属 *Trigonotis*

特征简介:一年或二年生草本。茎通常多条丛生,密集铺散,基部多分枝,被短糙伏毛。基生叶呈莲座状,匙形,茎上部叶长圆形或椭圆形,无叶柄或具短柄。花序生茎顶,幼时卷曲,后渐次伸长,通常占全茎的1/2~4/5,只在基部具2~3枚叶状苞片,其余部分无苞片;花萼裂片卵形;花冠淡蓝色或粉色,筒部甚短,喉部附属5个,黄色或白色;花药卵形。小坚果4颗,斜三棱锥状四面体形。

物种分布:我国亚热带和温带地区及新疆、西藏均有分布,亚洲温带其他地区也有。长荡湖周边路旁、堤坝、田埂、草丛等地常见。

植株

花期

马蹄金 *Dichondra micrantha* Urban

科属:旋花科 Convolvulaceae　马蹄金属 *Dichondra*

特征简介:多年生匍匐小草本。茎细长,被灰色短柔毛,节上生根。叶肾形至圆形,先端宽圆形或微缺,基部阔心形,叶面无毛或贴生短柔毛,全缘;具长的叶柄。花单生叶腋,花柄丝状;萼片倒卵状长圆形至匙形;花冠钟状,较短至稍长于萼,黄色,深5裂,裂片长圆状披针形,无毛;雄蕊5枚,着生于花冠裂片弯缺处;子房被疏柔毛,花柱2个,柱头头状。蒴果近球形,小,短于花萼。

物种分布:我国长江以南各省及台湾省均有分布,广布于全球热带及亚热带地区。长荡湖水街作草坪栽培。

群聚

叶片

打碗花 *Calystegia hederacea* **Wall.**

科属:旋花科Convolvulaceae　打碗花属*Calystegia*

特征简介:一年生草本。全株无毛,植株矮小,自基部分枝。茎细,平卧,有细棱。基部叶片长圆形,顶端圆,基部戟形,上部叶片3裂,中裂片长圆形或长圆状披针形,侧裂片近三角形,全缘或2~3裂,叶片基部心形或戟形。花腋生,1朵,花梗长于叶柄;苞片宽卵形,顶端钝或锐尖至渐尖;萼片长圆形;花冠淡紫色或淡红色,钟状,冠檐近截形或微裂;花丝基部扩大,贴生花冠管基部;子房无毛,柱头2裂。蒴果卵球形,宿存萼片与之近等长或稍短。

物种分布:我国各地均有,东非及亚洲南部也有。长荡湖周边湖堤及荒地常见。

旋花 *Calystegia sepium* **(L.) R. Br.**

科属:旋花科Convolvulaceae　打碗花属*Calystegia*

特征简介:多年生草本。全株无毛;茎缠绕,有细棱。叶形多变,三角状卵形或宽卵形,基部戟形或心形,全缘或基部稍伸展为具2~3个大齿缺的裂片;叶柄常短于叶片或两者近等长。花腋生,1朵;花梗通常稍长于叶柄,有细棱或有时具狭翅;苞片宽卵形;萼片卵形;花冠通常白色或有时淡红或紫色,漏斗状,冠檐微裂;雄蕊花丝基部扩大;子房无毛,柱头2裂,裂片卵形,扁平。蒴果卵形,为增大宿存的苞片和萼片所包被。

物种分布:我国大部分地区均有,全世界广布。长荡湖周边林园、村庄附近常见。

牵牛 *Ipomoea nil* **(L.) Roth**

科属:旋花科Convolvulaceae　番薯属*Ipomoea*

特征简介:一年生缠绕草本。茎上被倒生短柔毛,杂有倒生或开展的长硬毛。叶宽卵形或近圆形,深或浅3裂,偶5裂,基部心形,中裂片长圆形或卵圆形,渐尖或骤尖,侧裂片较短,三角形,叶面或疏或密被微硬的柔毛。花腋生,单一或通常2朵着生于花序梗顶;苞片线形或叶状,被开展的微硬毛;小苞片线形;萼片近等长;花冠漏斗状,蓝紫色或紫红色,花冠管色淡;雄蕊及花柱内藏;子房无毛,柱头头状。蒴果近球形,3瓣裂。

物种分布:原产于热带美洲,我国除西北和东北的一些省外,大部分地区栽培或逸生。长荡湖水城有逸生。

圆叶牵牛 *Ipomoea purpurea* Lam.

科属：旋花科Convolvulaceae　番薯属*Ipomoea*

特征简介：一年生缠绕草本。茎上被倒生的短柔毛,杂有倒生或开展的长硬毛。叶圆心形或宽卵状心形,基部心形,顶端渐尖,全缘,偶有3裂,两面疏或密被刚伏毛。花腋生,单一或2~5朵着生于花序梗顶端成伞形聚伞花序;苞片线形,被开展的长硬毛;萼片外面3片长椭圆形,内面2片线状披针形;花冠漏斗状,紫红色、红色或白色,花冠管通常白色,瓣内面色深,外面色淡;雄蕊与花柱内藏;雄蕊不等长;子房无毛,柱头头状;花盘环状。蒴果近球形。

花期

物种分布：原产于热带美洲,我国大部分地区有栽培或逸生。长荡湖大涪山山脚见逸生。

蕹菜 *Ipomoea aquatica* Forsskal

科属：旋花科Convolvulaceae　番薯属*Ipomoea*
别名：空心菜

特征简介：一年生草本。蔓生或漂浮于水面。茎圆柱形,有节,节间中空,节上生根,无毛。叶片

花期

形状、大小多变,通常为卵形、长卵形、长卵状披针形或披针形,顶端锐尖或渐尖,具小短尖头,基部心形、戟形或箭形,偶尔截形,全缘或波状,或有时基部有少数粗齿,两面近无毛或偶有稀疏柔毛。聚伞花序腋生,具1~3朵花;苞片小鳞片状;萼片卵形;花冠白色、淡红色或紫红色,漏斗状;雄蕊不等长,花丝基部被毛;子房圆锥状,无毛。蒴果卵球形至球形。

物种分布：原产于我国,我国中部及南部各省常见栽培。长荡湖南部围网区间隙有分布,为逸生。

番薯 *Ipomoea batatas* (L.) Lamarck

科属：旋花科Convolvulaceae　番薯属*Ipomoea*
别名：红薯、红芋、胡芋

特征简介：一年生草本。地下部分具椭圆形或纺锤形块根，块根的形状、皮色和肉色因品种或土壤不同而异。茎平卧或上升，多分枝，绿或紫色，被疏柔毛或无毛。叶片形状、颜色常因品种不同而异，通常为宽卵形，全缘或3~5裂，裂片宽卵形、三角状卵形或线状披针形，近于无毛。聚伞花序腋生，有1~3朵花聚集成伞形；苞片小，披针形，早落；花冠粉红色、白色或淡紫色，钟状或漏斗状；雄蕊及花柱内藏；子房被毛或有时无毛。蒴果卵形或扁圆形。

物种分布：原产于南美洲及大、小安的列斯群岛，现全球广泛栽培。长荡湖周边常见栽培。

叶片

花期

菟丝子 *Cuscuta chinensis* Lam.

科属：旋花科Convolvulaceae　菟丝子属*Cuscuta*

特征简介：一年生寄生草本。茎缠绕，黄色，纤细，无叶。花序侧生，少花或多花簇生成小伞形或小团伞花序，几无总花序梗；苞片及小苞片小，鳞片状；花萼杯状，中部以下连合，裂片三角状；花冠白色，壶形，裂片三角状卵形，向外反折，宿存；雄蕊着生花冠裂片弯缺微下处；鳞片长圆形，边缘长流苏状；子房近球形，花柱2个，柱头球形。蒴果球形，几乎全被宿存的花冠所包围，成熟时具整齐的周裂。

物种分布：我国除广东、广西以外各省皆有，西亚、马达加斯加及大洋洲也有。长荡湖附近草丛偶见。

植株(寄生于矢车菊上)

花期

金灯藤 *Cuscuta japonica* Choisy

科属：旋花科Convolvulaceae　菟丝子属*Cuscuta*

特征简介：一年生寄生缠绕草本。茎较粗壮,肉质,黄色,常带紫红色瘤状斑点,无毛,多分枝,无叶。花无柄或几无柄,形成穗状花序,基部常多分枝;苞片及小苞片鳞片状,卵圆形,顶端尖,全缘,沿背部增厚;花萼碗状,肉质,5裂几达基部;花冠钟状,淡红色或绿白色,顶端5浅裂,裂片卵状三角形,钝,直立或稍反折,短于花冠筒2~2.5倍;雄蕊5枚,着生于花冠喉部裂片之间,花丝几无;子房球状,平滑,花柱1个,细长,柱头2裂。蒴果卵圆形,近基部周裂。

物种分布：分布于我国南北各省,越南、日本也有。长荡湖周边草丛或灌丛偶见寄生。

花期

果期

茑萝松 *Quamoclit pennata* (Desr.) Boj.

科属：旋花科Convolvulaceae　茑萝属*Quamoclit*
别名：茑萝、五星花

特征简介：一年生柔弱缠绕草本。无毛;叶卵形或长圆形,羽状深裂至中脉;叶柄基部常具假托叶。花序腋生,由少数花组成聚伞花序;总花梗大多超过叶,花直立,花柄较花萼长;萼片绿色,稍不等长,椭圆形至长圆状匙形;花冠高脚碟状,深红色,无毛,管柔弱,上部稍膨大,冠檐开展,5浅裂;雄蕊及花柱伸出;花丝基部具毛;子房无毛。蒴果卵形,4瓣裂。

物种分布：原产于热带美洲,我国广泛栽培或逸生。长荡湖周边村庄附近常见栽培或逸生。

花期

果期

枸杞 *Lycium chinense* Mill.

科属:茄科Solanaceae 枸杞属*Lycium*

特征简介:多分枝灌木。枝条弓状弯曲或俯垂,有纵条纹,棘刺长0.5~2厘米,小枝顶端锐尖成棘刺状。叶纸质,卵形、卵状菱形、长椭圆形、卵状披针形,顶端急尖,基部楔形。花单生或双生于叶腋。花萼通常3中裂或4~5齿裂;花冠漏斗状,淡紫色,筒部向上骤然扩大,5深裂,裂片卵形,平展或稍向外反曲,边缘有缘毛,基部耳显著;花丝在近基部处密生1圈绒毛并交织成椭圆状毛丛,与毛丛等高处的花冠筒内壁亦密生1圈绒毛;花柱稍伸出雄蕊,上端弓弯,柱头绿色。浆果红色,卵状。

物种分布:我国除新疆、西藏以外广布。长荡湖堤坝偶见。

苦蘵 *Physalis angulata* L.

科属:茄科Solanaceae 酸浆属*Physalis*
别名:灯笼草、灯笼泡

特征简介:一年生草本。被疏短柔毛或近无毛;茎多分枝,分枝纤细。叶柄长1~5厘米,叶片卵形至卵状椭圆形,顶端渐尖或急尖,基部阔楔形或楔形,全缘或有不等大的齿,两面近无毛。花梗纤细,花梗与花萼生短柔毛,萼5中裂,裂片披针形,生缘毛;花冠淡黄色,喉部常有紫色斑纹;花药蓝紫色或有时黄色。果萼卵球状,薄纸质,浆果直径约1.2厘米。

物种分布:原产于南美洲,我国长江流域以南归化。长荡湖大涪山附近荒地有分布,其他地区路旁也有。

龙葵 *Solanum nigrum* L.

科属：茄科 Solanaceae　茄属 *Solanum*

特征简介：一年生直立草本。茎无棱或棱不明显，绿色或紫色，近无毛或被微柔毛。叶卵形，先端短尖，基部楔形至阔楔形而下延至叶柄，全缘或每边具不规则波状粗齿。蝎尾状花序腋外生，由3~6(~10)朵花组成；萼小，浅杯状，齿卵圆形；花冠白色，筒部隐于萼内，冠檐5深裂；花丝短，花药黄色；子房卵形，花柱中部以下被白色绒毛，柱头小，头状。浆果球形，熟时黑色。

物种分布：我国各地几乎均有分布，广布于欧洲、亚洲、美洲的温带至热带地区。长荡湖周边湖堤、路旁常见。

花期　　果期

白英 *Solanum lyratum* Thunberg

科属：茄科 Solanaceae　茄属 *Solanum*

特征简介：草质藤本。茎及小枝均密被具节长柔毛。叶互生，多数为琴形，基部常3~5深裂，裂片全缘，侧裂片愈近基部的愈小，端钝，中裂片较大，通常卵形，两面均被白色发亮的长柔毛；少数在小枝上部的为心形。聚伞花序顶生或腋外生，疏花，被具节长柔毛，花梗无毛，顶端稍膨大；萼环状，萼齿5枚；花冠蓝紫色或白色，花冠筒隐于萼内，冠檐5深裂，花药长圆形，顶孔略向上；子房卵形，花柱丝状。浆果球状，成熟时红黑色。

物种分布：我国黄河流域及其以南广布，中南半岛也有。长荡湖周边村庄、林下偶见。

花期　　果期

木犀 *Osmanthus fragrans* (Thunb.) Lour.

科属：木犀科Oleaceae　木犀属*Osmanthus*
别名：桂花

特征简介：常绿乔木或灌木。最高可达18米，树皮灰褐色。叶片革质，椭圆形、长椭圆形或椭圆状披针形，先端渐尖，基部渐狭呈楔形或宽楔形，全缘或通常上半部具细锯齿，两面无毛，腺点在两面连成小水泡状突起。聚伞花序簇生于叶腋，或近于帚状，每腋内有花多朵；花极芳香；花冠黄白色、淡黄色、黄色或橘红色；雄蕊着生于花冠管中部，花丝极短。果歪斜，椭圆形，紫黑色。
物种分布：原产于我国西南部，现各地广泛栽培。长荡湖周边公园、村庄栽培甚广。

花期

果期

女贞 *Ligustrum lucidum* Ait.

科属：木犀科Oleaceae　女贞属*Ligustrum*

特征简介：常绿乔木。树皮灰褐色；枝黄褐色、灰色或紫红色，圆柱形，疏生皮孔。叶革质，卵形、长卵形或椭圆形至宽椭圆形，先端锐尖至渐尖或钝，基部圆形或近圆形，两面无毛；叶柄具沟，无毛。圆锥花序顶生；花序基部苞片常与叶同形，小苞片披针形或线形，凋落；花近无梗；花萼无毛，齿不明显或近截形；花冠裂片反折；花药长圆形，柱头棒状。果肾形或近肾形，深蓝黑色，成熟时呈红黑色，被白粉。
物种分布：产于我国秦岭淮河一线以南，朝鲜也有。长荡湖水城有栽培，常作行道树栽培。

花期

果期

小蜡 *Ligustrum sinense* **Lour.**

科属：木犀科Oleaceae　女贞属*Ligustrum*

特征简介：落叶灌木或小乔木。小枝圆柱形，幼时被淡黄色短柔毛或柔毛，老时近无毛。叶片纸质或薄革质，卵形、椭圆状卵形，先端锐尖，基部宽楔形至近圆形，疏被短柔毛或无毛。圆锥花序顶生或腋生，塔形；花序轴被较密的淡黄色短柔毛或柔毛以至近无毛；花萼先端呈截形或具浅波状齿；花冠裂片长圆状椭圆形；花丝与裂片近等长。果近球形。

物种分布：我国长江流域及其以南有分布，越南也有。长荡湖周边常作树篱栽培。

花期　　果期

金森女贞 *Ligustrum japonicum* var. *Howardii*

科属：木犀科Oleaceae　女贞属*Ligustrum*

特征简介：常绿灌木。节间短，枝稠密。叶厚革质，有肉感，对生，卵形；春季新叶鲜黄色，至冬季转为金黄色，部分新叶沿中脉两侧或一侧局部有云翳状浅绿色斑块，色彩明快悦目；圆锥状花序，花白色。果实椭圆形，紫黑色。

物种分布：原产于日本及中国台湾，我国长江流域各省广泛栽培。长荡湖周边常作树篱栽培。

植株　　花序

湖北梣 *Fraxinus hupehensis* Ch'u, Shang, et Su

科属：木犀科Oleaceae 梣属 *Fraxinus*
别名：对节白蜡

特征简介：落叶大乔木。树皮深灰色，老时纵裂；营养枝常呈棘刺状。小枝挺直，被细绒毛或无毛。羽状复叶；小叶7~11片，革质，披针形至卵状披针形；叶缘具锐锯齿，上面无毛，下面沿中脉基部被短柔毛；叶轴具狭翅，小叶着生处有关节，偶在节上被短柔毛。花杂性，密集簇生于去年生枝上，呈甚短的圆锥花序，花萼钟状，雄蕊2枚；花柱长，柱头2裂。翅果匙形，中上部最宽，先端急尖。

物种分布：产于我国湖北，各地公园常作盆景栽培。长荡湖水城有栽培。

萌芽期

枝叶

金钟花 *Forsythia viridissima* Lindl.

科属：木犀科Oleaceae 连翘属 *Forsythia*
别名：黄金条

特征简介：落叶灌木。枝棕褐色或红棕色，四棱形，皮孔明显，具片状髓。叶片长椭圆形至披针形，上半部常具不规则锐锯齿或粗锯齿，稀近全缘。花1~3朵着生于叶腋，先叶开放；花萼裂片绿色，卵形、宽卵形，具睫毛；花冠深黄色，花冠裂片狭长圆形至长圆形，内面基部具橘黄色条纹，反卷；雌雄蕊长短不一，雄蕊长则雌蕊短，或反之。果卵形或宽卵形，先端喙状渐尖，具皮孔。

物种分布：分布于我国华东、华中各省，除华南以外全国各地栽培。长荡湖周边作树篱栽培。

花期

果期

迎春花 *Jasminum nudiflorum* Lindl.

科属：木犀科 Oleaceae　素馨属 *Jasminum*

特征简介：落叶灌木。直立或匍匐，枝条下垂。枝稍扭曲，光滑无毛，小枝四棱形，棱上多少具狭

花期

翼。叶对生，3出复叶；叶轴具狭翼；叶片和小叶片幼时两面稍被毛，老时仅叶缘具睫毛；小叶片卵形、长卵形或椭圆形，具短尖头，叶缘反卷。花单生于去年生小枝的叶腋，稀生于小枝顶端；苞片小叶状；花萼绿色，裂片5~6枚，窄披针形；花冠黄色，花冠管上部扩大，花冠裂片长圆形或椭圆形。

物种分布：分布于我国秦岭及西南山区，世界各地广泛栽培。长荡湖周边公园多有栽培。

车前 *Plantago asiatica* L.

科属：车前科 Plantaginaceae　车前属 *Plantago*

特征简介：二年或多年生草本。须根多数，根茎短，稍粗。叶基生呈莲座状，平卧、斜展或直立；叶片薄纸质或纸质，宽卵形至宽椭圆形，先端钝圆至急尖，边缘波状、全缘或中部以下有锯齿，多少下延，两面疏生短柔毛；叶柄基部扩大成鞘，疏生短柔毛。花序3~10个，直立或弓曲上升；穗状花序细圆柱状，紧密或稀疏，下部常间断。花具短梗。花冠白色，无毛，冠筒与萼片约等长。雄蕊与花柱明显外伸，花药白色。蒴果纺锤状卵形。

物种分布：我国南北各省均有分布，东南亚岛屿也有。长荡湖路旁常见。

果期

须根

北美车前 *Plantago virginica* L.

科属：车前科 Plantaginaceae　车前属 *Plantago*

特征简介：一年或二年生草本。直根纤细，有细侧根。根茎短。叶基生呈莲座状，平卧至直立；叶片倒披针形，边缘波状，下延至叶柄，两面及叶柄散生白色柔毛。花序1个至数个；花序梗直立，密被开展白色柔毛，中空；穗状花序细圆柱状。萼片与苞片等长或略短。花冠淡黄色，无毛，冠筒等长或略长于萼片；花2型，雄蕊着生于冠筒内面顶端，被直立的花冠裂片所覆盖，花药狭卵形，淡紫色；风媒花通常不育。胚珠2枚。蒴果卵球形。

物种分布：原产于北美，1951年最早在南昌出现，现我国长江流域及其以南归化。长荡湖周边路旁常见。

群聚

花序

石龙尾 *Limnophila sessiliflora* (Vahl) Blume

科属：车前科 Plantaginaceae　石龙尾属 *Limnophila*

特征简介：多年生两栖草本。茎细长；沉水叶多裂；裂片细而扁平或呈毛发状；气生叶全部轮生，椭圆状披针形，具圆齿或开裂，密被腺点。花无梗，单生于气生茎和沉水茎的叶腋；萼被多细胞短柔毛，在果实成熟时不具突起的条纹；萼齿卵形，长渐尖；花冠紫蓝色或粉红色。蒴果近球形，两侧扁。

物种分布：我国长江流域及其以南有分布，往南至马来西亚也有。长荡湖周边浅水湖汊偶见。

花期

果期

婆婆纳 *Veronica polita* Fries

科属：车前科 Plantaginaceae 　婆婆纳属 *Veronica*

特征简介：铺散多分枝草本。多少被长柔毛。叶2~4对，心形至卵形，每边有2~4个深刻的钝

齿，两面被白色长柔毛。总状花序很长；苞片叶状，下部的对生或全部互生；花梗比苞片略短；花萼裂片卵形，顶端急尖；花冠淡紫色、蓝色、粉色或白色；雄蕊比花冠短。蒴果近肾形，密被腺毛，略短于花萼，凹口角度约为90°，脉不明显，宿存的花柱与凹口齐或略过之。

物种分布：原产于西亚，现我国华东、华中、西南、西北及北京归化。长荡湖大涪山附近湖堤有分布。

阿拉伯婆婆纳 *Veronica persica* Poir.

科属：车前科 Plantaginaceae 　婆婆纳属 *Veronica*

特征简介：铺散多分枝草本。茎密生2列多细胞柔毛。叶2~4对，具短柄，卵形或圆形，基部浅心

形，平截或浑圆，边缘具钝齿，两面疏生柔毛。总状花序很长；苞片互生，与叶同形且几乎等大；花梗比苞片长；花萼裂片卵状披针形，有睫毛，3出脉；花冠蓝色、紫色或蓝紫色，喉部疏被毛；雄蕊短于花冠。蒴果肾形，表面具网脉，凹口角度超过90°，裂片钝，宿存花柱超出凹口。

物种分布：原产于西亚及欧洲，我国华东、华中、西南山区及新疆归化。长荡湖周边路旁、草丛、堤坝常见。

直立婆婆纳 *Veronica arvensis* L.

科属: 车前科Plantaginaceae　婆婆纳属*Veronica*

特征简介: 小草本。茎直立或上升,不分枝或铺散分枝,有2列多细胞白色长柔毛。叶常3~5对,下部者有短柄,中上部者无柄,卵形至卵圆形,边缘具圆或钝齿,两面被硬毛。总状花序长而多花,长可达20厘米,各部分被多细胞白色腺毛;花梗极短;花萼裂片条状椭圆形;花冠蓝紫色或蓝色;雄蕊短于花冠。蒴果倒心形,强烈侧扁,凹口很深,几乎为果半长,宿存花柱不伸出凹口。

物种分布: 原产于欧洲,我国华北、华中、华东归化。长荡湖周边堤坝偶见。

植株

蚊母草 *Veronica peregrina* L.

科属: 车前科Plantaginaceae　婆婆纳属*Veronica*

特征简介: 株高10~25厘米,通常自基部多分枝,主茎直立,侧枝披散,全株无毛或疏生柔毛。叶无柄,下部者倒披针形,上部者长矩圆形,全缘或中上端有三角状锯齿。总状花序长,果期达20厘米;苞片与叶同形而略小;花梗极短;花萼裂片长矩圆形至宽条形;花冠白色或浅蓝色,裂片长矩圆形至卵形;雄蕊短于花冠。蒴果倒心形,明显侧扁,宿存的花柱不超出凹口。

物种分布: 原产于北美洲,我国东北、华东、华中、西南各省区归化。长荡湖周边为常见农田杂草,湖滩也有分布。

花期

果期

茶菱 *Trapella sinensis* Oliv.

科属: 车前科 Plantaginaceae　茶菱属 *Trapella*

特征简介: 多年生水生草本。根状茎横走。叶对生,表面无毛,背面淡紫红色;浮水叶三角状圆形至心形,顶端钝尖,基部呈浅心形。花单生于叶腋内,在茎上部叶腋多为闭锁花;花梗长 1~3 厘米,花后增长。萼齿 5 枚,宿存。花冠漏斗状,白色或淡红色,裂片 5 片,圆形,薄膜质,具细脉纹。雄蕊 2 枚,内藏,药室 2 个,极叉开,纵裂。子房下位,2 室,上室退化,下室有胚珠 2 枚。蒴果狭长,不开裂。

物种分布: 我国除西部以外各地皆有分布,朝鲜、日本也有。长荡湖周边浅水湖汊偶见。

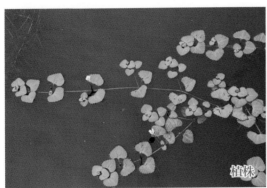

陌上菜 *Lindernia procumbens* (Krock.) Borbas

科属: 母草科 Linderniaceae　陌上菜属 *Lindernia*

特征简介: 直立草本。根细密成丛;基部多分枝,无毛。叶无柄;叶片椭圆形至矩圆形多少带菱形,全缘或有不明显钝齿,两面无毛,叶脉并行,自叶基发出 3~5 条。花单生于叶腋,花梗纤细,比叶长,无毛;萼仅基部连合,齿 5 个,条状披针形;花冠粉红色或紫色,上唇短,2 浅裂,下唇甚大于上唇,3 裂,侧裂椭圆形较小,中裂圆形,向前突出;雄蕊 4 枚,2 强;柱头 2 裂。蒴果球形或卵球形,与萼近等长或略过之。

物种分布: 我国除西北各省以外全国广布,日本、马来西亚也有。长荡湖周边为常见农田杂草,湖滩也有分布。

母草 *Lindernia crustacea* (L.) F. Muell

科属：母草科 Linderniaceae　陌上菜属 *Lindernia*

特征简介：一年生矮小草本。常铺散成密丛，多分枝，枝弯曲上升，微方形有深沟纹，无毛。叶片三角状卵形或宽卵形，顶端钝或短尖，基部宽楔形或近圆形，边缘有浅钝锯齿，上面近于无毛，下面沿叶脉有稀疏柔毛或近于无毛。花单生于叶腋或在茎枝之顶成极短的总状花序，花梗细弱，

群聚

有沟纹；花萼坛状，成腹面较深，而侧、背均开裂较浅的5齿；花冠紫色，管略长于萼，上唇直立，卵形，钝头，下唇3裂，中间裂片较大，仅稍长于上唇；雄蕊4枚，2强；花柱常早落。蒴果椭圆形，与宿萼近等长。

物种分布：我国淮河流域及其以南有分布，西藏也有，世界热带和亚热带地区广布。长荡湖周边为常见农田杂草。

爵床 *Justicia procumbens* L.

科属：爵床科 Acanthaceae　爵床属 *Justicia*

特征简介：草本。茎基部匍匐，通常有短硬毛。叶椭圆形至椭圆状长圆形，先端锐尖或钝，基部宽楔形或近圆形，两面常被短硬毛；叶柄短，被短硬毛；穗状花序顶生或生上部叶腋；苞片1枚，小苞片2枚，均为披针形，有缘毛；花萼裂片4片，线形，约与苞片等长，有膜质边缘和缘毛；花冠粉红色，二唇形，下唇3浅裂；雄蕊2枚，药室不等高，下方1室有距，蒴果。

物种分布：产于我国秦岭淮河以南，亚洲南部至澳大利亚广布。长荡湖周边草丛常见。

幼苗

花期

黄花狸藻 *Utricularia aurea* Lour.

科属: 狸藻科 Lentibulariaceae　狸藻属 *Utricularia*

特征简介: 水生草本。假根通常不存在。叶器多数,深裂达基部,裂片先羽状深裂,末回裂片毛发状。捕虫囊通常多数,侧生于叶器裂片上,斜卵球形,侧扁,具短梗;口侧生,上唇具2条常疏生分枝的刚毛状附属物,下唇无附属物。花序直立,中部以上具3~8朵疏离的花;花序梗圆柱形,无鳞片;苞片基部着生,宽卵圆形,顶端圆形或急尖;无小苞片;花梗丝状,花期直立,后下弯。花冠黄色,喉部有时具橙红色条纹,下唇较大,喉凸隆起呈浅囊状。子房球形,密生腺点,无毛;花柱长约为子房的一半,花后延长。蒴果球形,顶端具喙状宿存花柱。

物种分布: 我国长江流域及其以南广布,往南至大洋洲皆有分布。长荡湖静水水域及池塘有分布。

花序

沉水叶(捕虫囊)

果期

少花狸藻 *Utricularia gibba* L.

科属: 狸藻科 Lentibulariaceae　狸藻属 *Utricularia*

特征简介: 半固着水生草本。假根少数,丝状,具短的总状分枝。匍匐枝丝状,多分枝。叶器多数,互生于匍匐枝上,1~2回二歧状深裂,末回裂片毛发状。捕虫囊多数,侧生于叶器裂片上,斜卵球形,侧扁,具柄,口侧生,边缘有时疏生小刚毛。花序直立,具1~3朵疏离的花;苞片基部着生,横长圆形或半圆形,顶端截形或具不明显细圆齿。花冠黄色,下唇与上唇相似,喉凸隆起呈浅囊状。花丝线形,弯曲。子房球形,花柱短而显著。蒴果球形。

物种分布: 我国长江流域及其以南广布,西至热带非洲、南到澳大利亚北部均有分布。长荡湖静水湖汊曾有分布,但近二十年未见。

群聚

果实

马鞭草 *Verbena officinalis* L.

科属:马鞭草科Verbenaceae 马鞭草属*Verbena*

特征简介:多年生草本。茎四方形,节和棱上有硬毛。叶片卵圆形至倒卵形或长圆状披针形,基生叶的边缘通常有粗锯齿和缺刻,茎生叶多数3深裂,裂片边缘有不整齐锯齿,两面均有硬毛。穗状花序顶生和腋生,细长,初集,结果时疏离;花冠淡紫至蓝色,裂片5片;雄蕊4枚,着生于花冠管的中部,花丝短;子房无毛。果长圆形,外果皮薄,成熟时4瓣裂。

物种分布:我国除东北、华北以外各省皆有分布,世界温带至热带地区均有。长荡湖周边路旁常见。

植株

花序

柳叶马鞭草 *Verbena bonariensis* L.

科属:马鞭草科Verbenaceae 马鞭草属*Verbena*

特征简介:多年生草本。株高60~150厘米,多分枝。茎直立,四方形。叶对生,卵圆形至矩圆形或长圆状披针形,先端尖,基部无柄,绿色;基生叶边缘常有粗锯齿及缺刻,通常3深裂,裂片边缘有不整齐锯齿,两面有粗毛,线形或披针形。聚伞花序顶生或腋生,由数10朵小花组成,小花蓝紫色或蓝色。蒴果,外果皮薄,成熟时开裂,内含4颗小坚果。

物种分布:原产于美洲,近些年我国各地广泛栽培。长荡湖周边路旁偶见栽培。

茎生叶

花丛

美女樱 *Verbena hybrida* Groenl. & Rumpler

科属：马鞭草科 Verbenaceae　马鞭草属 *Verbena*

特征简介：全株有细绒毛,植株丛生而铺覆地面,株高10~50厘米,茎具4棱;叶对生,深绿色;穗状花序顶生,密集呈伞房状,花小而密集,有白色、粉色、红色、复色等,具芳香。

物种分布：原产于巴西、秘鲁、乌拉圭等地,现世界各地广泛栽培,我国各地也均有引种栽培。长荡湖周边公园及路旁常作时令草花栽培。

茎生叶

花序

细叶美女樱 *Verbena tenera* Spreng.

科属：马鞭草科 Verbenaceae　马鞭草属 *Verbena*

花期

特征简介：茎基部稍木质化,节部生根。株高20~30厘米,茎细长4棱,微生毛。叶对生,2回羽状深裂,裂片线形,两面疏生短硬毛,端尖,全缘,叶有短柄。穗状花序顶生,短缩呈伞房状,多数小花密集排列其上,花冠筒状,花色丰富,有白、粉红、玫瑰红、大红、紫、蓝等色。蒴果黑色。

物种分布：原产于美洲热带和温带,近些年我国各地广泛栽培。长荡湖周边公园及路旁常作时令草花栽培。

牡荆 *Vitex negundo* var. *cannabifolia* (Sieb. et Zucc.) Hand.-Mazz.

科属：唇形科Lamiaceae　牡荆属*Vitex*

特征简介：落叶灌木或小乔木。小枝四棱形；叶对生，掌状复叶，小叶5对，少有3对；小叶片披针形或椭圆状披针形，顶端渐尖，基部楔形，边缘有粗锯齿，表面绿色，背面淡绿色，通常被柔毛。圆锥花序顶生，长10~20厘米；花冠淡紫色。果实近球形，黑色。

物种分布：我国除西北以外各地广布，日本也有。长荡湖湖堤偶见。

海州常山 *Clerodendrum trichotomum* Thunb.

科属：唇形科Lamiaceae　大青属*Clerodendrum*

特征简介：灌木或小乔木。多少被黄褐色柔毛或近于无毛，老枝灰白色，具皮孔，髓白色。叶纸质，卵形或卵状椭圆形，背面被短柔毛或无毛，全缘或有时边缘具波状齿。伞房状聚伞花序顶生或腋生，疏散，末次分枝着花3朵；苞片叶状，早落；花萼蕾时绿白色，后紫红色，基部合生，中部略膨大，有5个棱脊，顶端5深裂；花香，花冠白色或带粉红色，花冠管细，顶端5裂；雄蕊4枚，花丝与花柱同伸出花冠外；花柱较雄蕊短，柱头2裂。核果近球形，包藏于增大的宿萼内，成熟时外果皮蓝紫色。

物种分布：我国除新疆、青海以外各地广布，日本至菲律宾也有。长荡湖大涪山有分布。

夏至草 *Lagopsis supina* (Steph. ex Willd.) Ik.-Gal. ex Knorr.

科属:唇形科Lamiaceae　　夏至草属*Lagopsis*

特征简介:多年生草本。茎4棱,带紫红色,密被微柔毛。叶圆形,3浅裂或深裂,裂片无齿或有稀疏圆齿,下面沿脉上被长柔毛,余部具腺点,边缘具纤毛。轮伞花序疏花,径约1厘米,在枝条上部者较密集,下部者较疏松;小苞片稍短于萼筒,弯曲,刺状。花萼管状钟形,齿5个,不等大,三角形。花冠白色,稀粉红色,稍伸出萼筒;冠檐二唇形,上唇直伸,下唇斜展,3浅裂。雄蕊4枚,着生于冠筒中部稍下,不伸出。花柱先端2浅裂。花盘平顶。小坚果长卵形,褐色,有鳞粃。

花期

物种分布:我国除华南及华中以外各省皆有分布,朝鲜和俄罗斯也有。长荡湖堤坝偶见。

活血丹 *Glechoma longituba* (Nakai) Kupr.

科属:唇形科Lamiaceae　　活血丹属*Glechoma*

特征简介:多年生草本。具匍匐茎,上升,逐节生根。茎四棱形,基部通常呈淡紫红色。叶草质,下部者较小,叶片心形或近肾形;上部者较大,叶片心形,边缘具圆齿或粗锯齿状圆齿,上面被疏粗伏毛或微柔毛,叶脉不明显,下面常带紫色,被疏柔毛或长硬毛。轮伞花序通常具2朵花,稀具4~6朵花;苞片及小苞片线形。花萼管状,齿5个。花冠淡蓝紫色,下唇具深色斑点,冠筒直立,上部渐膨大成钟形,冠檐二唇形。雄蕊4枚,内藏;花药2室,略叉开。成熟小坚果深褐色,长圆状卵形。

物种分布:我国除青海、甘肃、新疆及西藏以外,全国各地均产。长荡湖周边草丛早春常见。

匍匐茎

花期

夏枯草 *Prunella vulgaris* L.

科属: 唇形科 Lamiaceae　夏枯草属 *Prunella*

特征简介: 多年生草本。根茎匍匐,茎自基部多分枝,钝四棱形,紫红色。茎叶卵状长圆形或卵圆形,大小不等,先端钝,基部圆形、截形至宽楔形,下延至叶柄成狭翅,边缘具不明显波状齿或几近全缘,草质;花序下方的1对苞叶似茎叶。轮伞花序密集组成顶生穗状花序,每1轮伞花序下承以苞片;苞片宽心形。花萼钟形,倒圆锥形。花冠紫、蓝紫或红紫色,略超出于萼,冠檐二唇形。雄蕊4枚。花柱纤细,先端相等2裂,裂片钻形,外弯。花盘近平顶。子房无毛。小坚果黄褐色,长圆状卵形。

花期

物种分布: 我国黄河流域及其以南广布,欧亚大陆广布。长荡湖周边草丛偶见。

野芝麻 *Lamium barbatum* Sieb. et Zucc.

科属: 唇形科 Lamiaceae　野芝麻属 *Lamium*

特征简介: 多年生草本。茎单生,直立,四棱形,中空,几无毛。茎下部叶卵圆形或心脏形,上部叶较下部叶长而狭,边缘有微内弯的牙齿状锯齿,草质,两面均被短硬毛。轮伞花序具4~14朵花,着生于茎端;苞片狭线形或丝状。花萼钟形。花冠白或浅黄色,上唇先端圆形或微缺,边缘具缘毛及长柔毛,下唇中裂片倒肾形,先端深凹。雄蕊花丝扁平,被微柔毛,彼此粘连,花药深紫色。花柱丝状,先端近相等2浅裂。花盘杯状。子房裂片长圆形,无毛。小坚果倒卵圆形,先端截形,基部渐狭。

花期

物种分布: 我国除华南、新疆、西藏以外各省广布。长荡湖湖堤及田埂有分布。

宝盖草 *Lamium amplexicaule* L.

科属:唇形科Lamiaceae　野芝麻属*Lamium*

特征简介:一年或二年生植物。基部多分枝,四棱形,常为深蓝色,中空。茎下部叶具长柄,上部

叶无柄,圆形或肾形,半抱茎,边缘具极深的圆齿,两面均疏生小糙伏毛。轮伞花序具6~10朵花,其中常有闭花受精的花;苞片披针状钻形。花萼管状钟形;花冠紫红或粉红色,冠筒细长,上唇长圆形,先端微弯,下唇中裂片倒心形,先端深凹。花柱丝状,先端不相等2浅裂。花盘杯状,具圆齿。小坚果倒卵圆形,具3棱,先端近截状。

物种分布:我国除华南、华北、东北以外各地均有,欧亚大陆广布。长荡湖周边湖堤、草丛等地早春常见。

花期

益母草 *Leonurus japonicus* Houtt.

科属:唇形科Lamiaceae　益母草属*Leonurus*

特征简介:一年或二年生草本。茎直立钝四棱形,有倒向糙伏毛。茎下部叶轮廓为卵形,掌状3裂,裂片上再分裂,叶基下延略具翅;茎中部叶轮廓为菱形,分裂成3个或多个长圆状线形裂片;苞叶近无柄,线形或线状披针形。轮伞花序腋生,具8~15朵花;小苞片刺状,花萼管状钟形。花冠粉红至淡紫红色。雄蕊4枚,均延伸至上唇片之下。花柱丝状,略超出雄蕊而与上唇片等长。花盘平顶。小坚果长圆状三棱形。

物种分布:产于我国各地,北半球广布。长荡湖湖堤、路旁常见。

果期

基生叶

花期

水苏 *Stachys japonica* Miq.

科属：唇形科Lamiaceae　水苏属*Stachys*

特征简介：多年生草本。茎单一，直立，四棱形，棱及节上被小刚毛，余部无毛。茎叶长圆状宽披针形，基部圆形至微心形，边缘为圆齿状锯齿，两面均无毛，叶柄明显，近茎基部者最长，向上渐变短；苞叶披针形，无柄，近于全缘，向上渐变小。轮伞花序具6~8朵花，下部者远离，上部者密集组成长5~13厘米的穗状花序。花冠粉红或淡红紫色，冠筒不超出萼，冠檐二唇形，上唇直立，下唇开张。雄蕊4枚，均延伸至上唇片之下，花药室极叉开。花柱丝状，稍超出雄蕊。小坚果卵珠状，棕褐色，无毛。

物种分布：我国除华南及新疆、西藏以外广布。长荡湖沟渠边有分布。

花期　果期

针筒菜 *Stachys oblongifolia* Benth.

科属：唇形科Lamiaceae　水苏属*Stachys*
别名：长圆叶水苏

特征简介：多年生草本。茎直立或上升，锐四棱形，在棱及节上被长柔毛，余部多少被微柔毛。茎生叶长圆状披针形，基部浅心形，边缘为圆齿状锯齿，密被灰白色柔毛状绒毛，近于无柄；苞叶向上渐变小，比花萼长，近全缘。轮伞花序通常具6朵花。花冠粉红或粉红紫色，冠檐上被较多疏柔毛，冠檐上唇长圆形，下唇开张。花药卵圆形，室极叉开。花柱丝状，稍超出雄蕊。花盘平顶，波状。小坚果卵珠状褐色，光滑。本种与水苏相似，区别在于本种全株多少被毛，茎生叶几乎无柄。

物种分布：我国长江流域及以其南广布。长荡湖周边沟渠附近有分布。

花序

235

荔枝草 *Salvia plebeia* R. Br.

科属:唇形科 Lamiaceae　　鼠尾草属 *Salvia*

特征简介:一年或二年生草本。主根肥厚,茎直立,粗壮,多分枝,被向下的灰白色疏柔毛。叶椭圆状卵圆形,边缘具圆齿,草质,上面被稀疏微硬毛,下面被短疏柔毛。轮伞花序具6朵花,多数,在茎、枝顶端密集组成总状或总状圆锥花序。花冠淡红、淡紫、紫、蓝紫至蓝色,稀白色,上唇长圆形,先端微凹。能育雄蕊2枚,着生于下唇基部,略伸出花冠。花柱和花冠等长,先端不相等2裂。花盘前方微隆起。小坚果倒卵圆形。

物种分布:我国除新疆、甘肃、青海及西藏以外几乎全国广布,南亚至澳大利亚均有分布。长荡湖周边湖堤、田埂常见。

花期

风轮菜 *Clinopodium chinense* (Benth.) O. Ktze.

科属:唇形科 Lamiaceae　　风轮菜属 *Clinopodium*

特征简介:多年生草本。多分枝,高可达1米,密被短柔毛及腺微柔毛。叶卵圆形,上面密被平伏短硬毛,下面被疏柔毛,脉上尤密。轮伞花序多花密集,常偏向一侧,彼此远隔;苞叶叶状,向上渐小至苞片状,苞片针状,极细,无明显中肋,多数,被柔毛状缘毛及微柔毛。花萼狭管状,常染紫红色,外面沿脉被疏柔毛及腺微柔毛。花冠紫红色,长约9毫米,外面被微柔毛。雄蕊4枚,前对稍长。花柱微露出,先端不相等2浅裂。小坚果倒卵形,黄褐色。本种直立,分枝较少,花序常偏向一侧,花序间距较大,苞片针形。

物种分布:我国长江流域及其以南广布。长荡湖周边田埂、湖堤偶见。

群聚

花序

灯笼草 *Clinopodium polycephalum* (Vaniot) C. Y. Wu et Hsuan ex P. S. Hsu

科属:唇形科 Lamiaceae　风轮菜属 *Clinopodium*

特征简介:直立多年生草本。多分枝,茎被平展糙硬毛及腺毛。叶卵形,上面榄绿色,下面略淡,两面被糙硬毛,尤其是下面脉上。轮伞花序多花,圆球状,沿茎及分枝形成宽而多头的圆锥花序;苞叶叶状,生于茎及分枝近顶部者退化成苞片状;苞片针状;萼内喉部具疏刚毛。花冠紫红色,长约8毫米。雄蕊不露出,2强。小坚果卵形。本种直立,多分枝,穗紧密,花序圆球形,整体被毛。

物种分布:我国秦岭淮河以南广布。长荡湖周边路旁、堤坝常见。

群聚

花序

细风轮菜 *Clinopodium gracile* (Benth.) Matsum.

科属:唇形科 Lamiaceae　风轮菜属 *Clinopodium*

特征简介:纤细草本。茎多数,自匍匐茎生出,柔弱,上升,不分枝或基部具分枝,被倒向的短柔毛。叶圆卵形,薄纸质,上面榄绿色,近无毛,下面较淡,脉上被疏短硬毛。轮伞花序分离,或密集于茎端成短总状花序,疏花;苞片针状。花萼外面沿脉上被短硬毛。花冠白至紫红色。雄蕊4枚,前对能育,与上唇等齐。花柱先端略增粗。小坚果卵球形。本种植株较细弱,整体无毛,花序离散,无苞叶。

物种分布:我国长江流域及其以南广布,马来西亚及印度尼西亚也有。长荡湖周边路旁常见。

花期

果期

薄荷 *Mentha canadensis* L.

科属：唇形科 Lamiaceae　薄荷属 *Mentha*

特征简介：多年生草本。茎直立，上部被倒向微柔毛，下部仅沿棱上被微柔毛，多分枝。叶片椭圆

形或卵状披针形，疏生粗大锯齿。轮伞花序腋生，轮廓球形；花梗纤细。花萼管状钟形，外被微柔毛及腺点，内面无毛，萼齿5个，狭三角状钻形。花冠淡紫或白色，冠檐4裂，上裂片先端2裂，较大，其余3裂片近等大。雄蕊4枚，前对较长，伸出花冠之外。花柱略超出雄蕊，先端近相等，2浅裂，裂片钻形。小坚果卵珠形，黄褐色，具小腺窝。

物种分布：产于我国南北各地，热带亚洲及北美也有。长荡湖周边湖堤、河堤、田埂等生境偶见。

花期

硬毛地笋 *Lycopus lucidus* var. *hirtus* Regel

科属：唇形科 Lamiaceae　地笋属 *Lycopus*

特征简介：多年生草本。根茎横走，具节，节上密生须根，先端肥大呈圆柱形。茎直立，不分枝，常于节上多少带紫红色，茎棱上被向上的小硬毛，节上密集硬毛。叶近无柄，长圆状披针形，多少弧弯，边缘具锐齿，暗绿色，两面均无。轮伞花序无梗，轮廓圆球形；小苞片卵圆形至披针形，先端刺尖，位于外方者超过花萼。花萼边缘具小缘毛。花冠白色。雄蕊前对能育，超出花冠。花柱伸出花冠。小坚果倒卵圆状四边形。

物种分布：几乎遍及我国。长荡湖周边农田水网偶见。

花期

果期

紫苏 *Perilla frutescens* (L.) Britt.

科属:唇形科 Lamiaceae   紫苏属 *Perilla*

特征简介:一年生直立草本。绿色或紫色,茎密被长柔毛。叶阔卵形或圆形,先端短尖或突尖,基部圆形或阔楔形,边缘有粗锯齿,膜质或草质,两面绿色或紫色,或仅下面紫色,上面被疏柔毛,下面被贴生柔毛。轮伞花序具2朵花,组成密被长柔毛、偏向一侧的顶生或腋生总状花序;花萼钟形,内面喉部有疏柔毛环;萼檐二唇形。花冠白色至紫红色。雄蕊4枚,几不伸出。花柱先端相等,2浅裂。小坚果近球形,灰褐色。

物种分布:我国各地广泛栽培或野生,中南半岛至爪哇均产。长荡湖大涪山有分布。

植株

花期

石荠苎 *Mosla scabra* (Thunb.) C. Y. Wu et H. W. Li

科属:唇形科 Lamiaceae   石荠苎属 *Mosla*

特征简介:一年生草本。多分枝,密被短柔毛。叶卵形或卵状披针形,先端急尖或钝,基部圆形或宽楔形,基部以上为锯齿状,纸质,密布凹陷腺点,近无毛或被极疏短柔毛。总状花序生枝端;苞片卵形尾状渐尖。花萼钟形,上唇3齿先端渐尖,中齿略小,下唇2齿线形,先端锐尖。花冠粉红色,内面基部具毛环。雄蕊4枚,后对能育。花柱先端相等2浅裂。小坚果黄褐色,球形。本种与小鱼仙草的区别在于本种花萼裂片锐尖,此外本种花冠筒内具毛环。

物种分布:我国除新疆、西藏以外全国广布,越南、日本也有。长荡湖五七农场湖堤有分布。

群聚

花期

小鱼仙草 *Mosla dianthera* (Buch.-Ham. ex Roxburgh) Maxim.

科属:唇形科Lamiaceae　石荠苎属*Mosla*

特征简介:一年生草本。近无毛,多分枝。叶卵状披针形,边缘具锐尖的疏齿,散布凹陷腺点。总状花序生枝顶,密花或疏花;苞片针状或线状披针形,近无毛。花萼钟形,上唇3齿卵状三角形,中齿较短,下唇2齿披针形,与上唇近等长或微超过之。花冠淡紫色,内面具不明显毛环或无毛环。雄蕊4枚,后对能育。花柱先端相等2浅裂。小坚果灰褐色,近球形。本种与石荠苎的区别在于本种花萼裂片钝尖,此外本种花冠筒内无毛环或不明显。

物种分布:我国秦岭淮河以南广布,亚洲其他地区至婆罗洲也有。长荡湖水街码头有分布。

花期

紫背金盘 *Ajuga nipponensis* Makino

科属:唇形科Lamiaceae　筋骨草属*Ajuga*

特征简介:一年或二年生草本。茎通常直立,柔软,从基部分枝,被长柔毛或疏柔毛,基部常带紫色。基生叶无或少数;茎生叶均具柄,柄长1~1.5厘米,纸质,阔椭圆形或卵形,基部楔形,下延成狭翅,边缘具不整齐波状圆齿。轮伞花序多花,生于茎中部以上,向上渐密集组成顶生穗状花序。花冠淡蓝色或蓝紫色,稀为白色或白绿色,近基部有毛环,筒在毛环处膨大。雄蕊伸出,花丝粗壮。花柱细弱,超出雄蕊,先端2浅裂,裂片细尖。小坚果卵状三棱形。

花期

物种分布:我国秦岭淮河以南有分布,日本也有。长荡湖大涪山有分布。

弹刀子菜 *Mazus stachydifolius* (Turcz.) Maxim.

科属:通泉草科Mazaceae　通泉草属*Mazus*

特征简介:多年生草本。粗壮,全株被多细胞白色长柔毛。茎直立,稀上升,圆柱形,不分枝或在基部分2~5枝,老时基部木质化。基生叶匙形,有短柄,早枯;茎生叶对生,上部的常互生,无柄,长椭圆形至倒卵状披针形。总状花序顶生,花稀疏;花萼漏斗状,萼齿略长于筒部,10条脉纹明显;花冠蓝紫色,2条褶襞从喉部直通至上下唇裂口;雄蕊4枚,2强;子房上部被长硬毛。蒴果扁卵球形。

物种分布:我国除新疆、西藏以外全国广布。长荡湖大涪山附近湖堤有分布。

植株

匍茎通泉草 *Mazus miquelii* Makino

科属:通泉草科Mazaceae　通泉草属*Mazus*

特征简介:多年生草本。无毛或少有疏柔毛。有直立茎和匍匐茎,直立茎倾斜上升,匍匐茎花期发出。基生叶常多数呈莲座状,倒卵状匙形,有长柄;茎生叶具短柄,卵形或近圆形。总状花序顶生,伸长,花稀疏;花萼钟状漏斗形,萼齿与萼筒等长;花冠紫色或白色而有紫斑。蒴果圆球形,稍伸出萼筒。

物种分布:我国长江流域及其以南有分布,日本也有。长荡湖湖堤、田埂潮湿处偶见。

群聚

纤细通泉草 *Mazus gracilis* Hemsl. ex Forbes et Hemsl.

科属:通泉草科 Mazaceae   通泉草属 *Mazus*

特征简介:多年生草本。无毛或很快变无毛。茎完全匍匐,纤细。基生叶匙形或卵形,质薄,边缘有疏锯齿;茎生叶通常对生,倒卵状匙形或近圆形,有短柄,边缘有圆齿或近全缘。总状花序通常侧生,少有顶生,上升,长达15厘米,花稀疏;花萼钟状,萼齿与萼筒等长;花冠黄色有紫斑或白色、蓝紫色、淡紫红色,有2条疏生腺毛的纵皱褶;子房无毛。蒴果球形,包于宿存的稍增大的萼内。

物种分布:我国长江中下游各省皆有分布。长荡湖周边农田常见,湖堤潮湿处也有。

植株

龟甲冬青 *Ilex crenata* var. *convexa* Makino

科属:冬青科 Aquifoliaceae   冬青属 *Ilex*

特征简介:多枝常绿灌木。小枝有灰色细毛;叶小而密,叶片椭圆形或长倒卵形;革质,叶面亮绿色,背面淡绿色,无毛,叶柄上面具槽,下面隆起;托叶钻形,微小。雄花成聚伞花序,单生于当年生枝的鳞片或叶腋内,或假簇生于二年生枝的叶腋内,花白色;花萼盘状,边缘啮蚀状;花瓣阔椭圆形,雄蕊短于花瓣;雌花单花,子房卵球形。果球形,成熟后黑色;宿存花萼平展。

物种分布:野生分布于我国华南地区,全国各地皆有栽培。长荡湖周边路旁或公园常作树篱栽培。

植株

枸骨 *Ilex cornuta* Lindl. et Paxt.

科属:冬青科 Aquifoliaceae　冬青属 *Ilex*
别名:鸟不休

特征简介:常绿灌木或小乔木。叶片厚革质,2型,四角状长圆形或卵形,先端具3枚尖硬刺齿,两侧各具1~2枚刺齿,有时全缘,具光泽;托叶胼胝质,宽三角形。花序簇生于二年生枝的叶腋内,基部宿存鳞片近圆形;花淡黄色,4基数。雄花花萼盘状,裂片膜质,花冠辐状,反折,与花瓣近等长或稍长。雌花败育花药卵状箭头形;子房长圆状卵球形,柱头盘状,4浅裂。果球形,成熟时鲜红色。

物种分布:野生分布于我国华东及华中地区,现我国各地常见栽培。长荡湖水城有栽培。

花期

果期

蓝花参 *Wahlenbergia marginata* (Thunb.) A. DC.

科属:桔梗科 Campanulaceae　蓝花参属 *Wahlenbergia*

特征简介:多年生草本。有白色乳汁;茎自基部多分枝,直立或上升。叶互生,无柄或具短柄,常在茎下部密集,下部叶匙形,上部叶条状披针形,边缘波状或具疏锯齿或全缘。花梗极长;花萼无毛,裂片三角状钻形;花冠钟状,蓝色,分裂达 2/3。蒴果倒圆锥状或倒卵状圆锥形,有 10 条不甚明显的肋。

物种分布:产于我国长江流域以南各省区,亚洲热带、亚热带地区广布。长荡湖湖堤潮湿处有分布。

花期

果及花蕾

半边莲 *Lobelia chinensis* **Lour.**

科属:桔梗科 Campanulaceae　半边莲属 *Lobelia*

特征简介:多年生草本。茎细弱,匍匐,分枝直立无毛。叶互生,无柄或近无柄,椭圆状披针形至条形,全缘或顶部具明显锯齿。花通常1朵,生于分枝的上部叶腋;花梗细,花萼筒倒长锥状,基部渐细与花梗无明显区分;花冠粉红色或白色,背面裂至基部,喉部以下生白色柔毛,裂片全部平展于下方,呈一个平面;雄蕊花丝中部以上连合,未连合部分的花丝侧面生柔毛。蒴果倒锥状。

物种分布:产于我国长江中下游及其以南各省,印度以东的亚洲其他各国也有。长荡湖周边为常见农田杂草。

植株

花

六倍利 *Lobelia erinus* **Thunb.**

科属:桔梗科 Campanulaceae　半边莲属 *Lobelia*
别名:南非山梗菜

花期

特征简介:株高约 12~20 厘米,茎枝细密。茎上部叶较小呈披针形,近基部的叶稍大,呈广匙形,叶互生。花顶生或腋出,花冠先端 5裂,下 3 片裂片较大,形似蝴蝶展翅,花有红色、桃红色、紫色、紫蓝色、白色等。

物种分布:原产于南非洲,现我国大部分城市都有栽培。长荡湖管委会及周边公园常作地被栽培。

桔梗 *Platycodon grandifloras* (Jacq.) A. DC.

科属:桔梗科Campanulaceae 桔梗属*Platycodon*

特征简介:多年生草本。有粗大地下茎;地上茎直立,通常无毛,不分枝,极少上部分枝。叶轮生至全部互生,近无柄,叶片卵形,卵状椭圆形至披针形,上面无毛而绿色,下面常无毛而有白粉,边缘具细锯齿。花单朵顶生,或数朵集成假总状花序,或有花序分枝而集成圆锥花序;花萼筒部半圆球状或圆球状倒锥形,被白粉;花冠大,蓝色或紫色。蒴果球状。

花期

物种分布:我国东北、华北、华中及华东地区均有野生分布,各地作花卉或蔬菜栽培。长荡湖水城作时令花卉栽培。

荇菜 *Nymphoides peltata* (S. G. Gmelin) Kuntze

科属:睡菜科Menyanthaceae 荇菜属*Nymphoides*

特征简介:多年生水生草本。茎圆柱形,多分枝,密生褐色斑点。上部叶对生,下部叶互生,叶片飘浮,近革质,圆形或卵圆形,基部心形,全缘,下面紫褐色,叶柄圆柱形,鞘状半抱茎。花常多数,簇生节上,5数;花萼分裂近基部;花冠金黄色,分裂至近基部,冠筒短,喉部具5束长柔毛;在短柱花中,花柱长1~2毫米,柱头小,花丝长3~4毫米;在长柱花中,雌蕊长7~17毫米,花柱长达10毫米,柱头大,2裂,花丝长1~2毫米;腺体5个,黄色,环绕子房基部。蒴果无柄,椭圆形。

物种分布:我国广布,欧亚大陆皆有。长荡湖湖区常见。

花果期

休眠芽

金银莲花 *Nymphoides indica* (L.) D. Kuntze

科属：睡菜科 Menyanthaceae　荇菜属 *Nymphoides*

特征简介：多年生水生草本。茎圆柱形，不分枝，形似叶柄，顶生单叶。叶飘浮，近革质，宽卵圆形或近圆形。花多数，簇生节上，5数；花梗细弱，圆柱形，不等长；花萼分裂至近基部；花冠白色，基部黄色，分裂至近基部，具5束长柔毛，裂片腹面密生流苏状长柔毛；雄蕊着生于冠筒上，整齐，花丝短，扁平，线形，花药箭形；子房无柄，圆锥形，花柱粗壮，柱头膨大，2裂。蒴果椭圆形，不开裂。

物种分布：我国华东、华南、华北、东北及西南皆有分布，全球温带至热带地区皆有。长荡湖湖区偶见。

藿香蓟 *Ageratum conyzoides* L.

科属：菊科 Asteraceae　藿香蓟属 *Ageratum*
别名：胜红蓟

特征简介：一年生草本。茎粗壮，全部茎枝淡红色或上部绿色，被白色尘状短柔毛。叶对生，有时上部互生。中部茎叶卵形、椭圆形或长圆形，全部叶基部钝或宽楔形，基出3脉或不明显5出脉，边缘圆锯齿。头状花序4~18个在茎顶排成通常紧密的伞房状花序。总苞钟状或半球形。总苞片2层，长圆形或披针状长圆形，边缘撕裂。花冠檐部5裂，淡紫色。瘦果黑褐色，具5棱，有白色稀疏细柔毛。

物种分布：原产于中南美洲，我国华东、华南栽培或逸生。长荡湖周边路旁偶见逸生。

加拿大一枝黄花 *Solidago canadensis* L.

科属：菊科 Asteraceae　一枝黄花属 *Solidago*

特征简介：多年生草本。有长根状茎，茎直立，高达2.5米。叶披针形或线状披针形，长5~12厘米。头状花序很小，长4~6毫米，在花序分枝上单面着生，多数弯曲的花序分枝与单面着生的头状花序，形成开展的圆锥状花序。总苞片线状披针形，长3~4毫米。边缘舌状花很短。

物种分布：原产于北美，我国各地公园及植物园栽培供观赏，后逸生。长荡湖周边湖堤、公园常见逸生。

雏菊 *Bellis perennis* L.

科属: 菊科 Asteraceae　雏菊属 *Bellis*

特征简介: 一年或多年生葶状草本。高约10厘米。叶基生,匙形,顶端圆钝,基部渐狭成柄,上半部边缘有疏钝齿或波状齿。头状花序单生,直径2.5~

3.5厘米,花葶被毛;总苞半球形或宽钟形;总苞片近2层,稍不等长,长椭圆形,顶端钝,外面被柔毛。舌状花1层,雌性,舌片白色带粉红色,开展,全缘或有2~3个齿,管状花多数,2性,均能结实。瘦果倒卵形,扁平,有边脉,被细毛,无冠毛。

物种分布: 原产于欧洲,我国各地广泛栽培。长荡湖周边路旁、公园常作时令草花栽培。

金盏花 *Calendula officinalis* L.

科属: 菊科 Asteraceae　金盏花属 *Calendula*
别名: 金盏菊

特征简介: 一年生草本。通常自茎基部分枝,绿色或多少被腺状柔毛。基生叶长圆状倒卵形或匙形,全缘或具疏细齿,具柄,茎生叶长圆状披针形或长圆状倒卵形,无柄,顶端钝,稀急尖,边缘波状具不明显细齿,基部多少抱茎。头状花序单生茎枝端,直径4~5厘米,总苞片1~2层,披针形或长圆状披针形,外层稍长于内层,顶端渐尖,小花黄或橙黄色,长于总苞的2倍;管状花檐部具三角状披针形裂片,瘦果全部弯曲,淡黄色或淡褐色。

物种分布: 原产于欧洲,我国广泛栽培。长荡湖周边路旁、公园常作时令草花栽培。

毡毛马兰 *Aster shimadae* (Kitamura) Nemoto

科属: 菊科 Asteraceae　紫菀属 *Aster*

特征简介: 多年生草本。有根状茎;茎直立,被密短粗毛,多分枝。下部叶在花期枯落;中部叶倒卵形、倒披针形或椭圆形,基部渐狭,近无柄,中部以上有1~2对浅齿或全缘;上部叶渐小,倒披针形或条形;叶质厚,两面被毡状密毛,下面沿脉及边缘被密糙毛,有在下面突起的3出脉。头状花序单生枝端且排成疏散伞房状。总苞半球形,3层,覆瓦状排列。舌状花1层,浅紫色。瘦果倒卵圆形,极扁。

物种分布: 我国华东、华中、华南有分布。长荡湖湖堤、田埂常见。

全叶马兰 *Aster pekinensis* (Hance) Kitag.

科属：菊科 Asteraceae　　紫菀属 *Aster*

特征简介：多年生草本。有长纺锤状直根；茎直立，单生或数个丛生，被细硬毛。中部叶多而密，

条状披针形、倒披针形或矩圆形，常有小尖头，基部渐狭无柄，全缘，边缘稍反卷；上部叶较小，条形；全部叶下面灰绿，两面密被粉状短绒毛。头状花序单生枝端且排成疏伞房状。总苞半球形，3层，覆瓦状排列。舌状花1层，20余朵，淡紫色。瘦果倒卵形，扁，有浅色边肋。

物种分布：我国除新疆、西藏以外全国广布，亚洲其他国家也有。长荡湖湖堤常见。

马兰 *Aster indicus* L.

科属：菊科 Asteraceae　　紫菀属 *Aster*

特征简介：根状茎有匍枝，有时具直根。茎直立，上部有短毛。茎部叶倒披针形或倒卵状矩圆形，基部渐狭成具翅的长柄，边缘从中部以上具有小尖头的钝或尖齿或有羽状裂片，上部叶小，全缘，基部急狭无柄，两面或上面有疏微毛或近无毛，边缘及下面沿脉有短粗毛。头状花序单生于枝端并排列成疏伞房状。总苞半球形，总苞片2~3层；花托圆锥形。舌状花1层，15~20个，浅紫色。瘦果倒卵状矩圆形，极扁。

物种分布：广布于亚洲南部及东部。长荡湖周边田埂及路旁常见。

钻叶紫菀 *Symphyotrichum subulatum* (Michx.) G. L. Nesom

科属:菊科 Asteraceae　联毛紫菀属 *Symphyotrichum*

特征简介:一年生草本植物。高可达150厘米;茎单一,直立,茎和分枝具粗棱,光滑无毛,基生叶在花期凋落;茎生叶多数,叶片披针状线形,极稀狭披针形,两面绿色,光滑无毛,中脉在背面突起。头状花序极多数;总苞钟形,总苞片外层披针状线形,内层线形,边缘膜质,光滑无毛。雌花花冠舌状,舌片淡红色、红色、紫红色或紫色,线形,两性花花冠管状。瘦果线状长圆形,稍扁。

物种分布:原产于北美,我国长江流域以南各省归化。长荡湖周边路旁、草丛常见。

花期

果期

一年蓬 *Erigeron annuus* (L.) Pers.

科属:菊科 Asteraceae　飞蓬属 *Erigeron*

特征简介:一年或二年生草本。茎粗壮,直立,上部有分枝,绿色,下部被开展的长硬毛,上部被较密而上弯的短硬毛。基部叶花期枯萎,长圆形或宽卵形,少有近圆形,基部狭成具翅的长柄,边缘具粗齿,下部叶与基部叶同形,但叶柄较短,中部和上部叶较小,长圆状披针形或披针形,最上部叶线形。头状花序数个或多数,排列成疏圆锥花序。雌花舌状,2层,舌片平展,白色,或有时淡天蓝色,线形,顶端具2个小齿,花柱分枝线形;两性花管状,黄色;瘦果披针形。

物种分布:原产于北美洲,我国大部分省归化。长荡湖周边路旁常见。

基生叶

花期

小蓬草 *Erigeron canadensis* L.

科属:菊科 Asteraceae   飞蓬属 *Erigeron*

特征简介:一年生草本。根纺锤状;茎直立,多少具棱,有条纹,被疏长硬毛,上部多分枝。叶密集,基部叶花期常枯萎,下部叶倒披针形,中部和上部叶较小,线状披针形或线形,近无柄或无柄,全缘或少有具1~2个齿,两面或仅上面被疏短毛边缘常被上弯的硬缘毛。头状花序多数,小,径3~4毫米,排列成顶生多分枝的大圆锥花序;总苞近圆柱状;花托平;雌花舌状线形,白色,小,稍超出花盘;两性花淡黄色,管状;瘦果线状披针形。

物种分布:原产于北美,我国各省皆有归化。长荡湖周边路旁常见。

苏门白酒草 *Erigeron sumatrensis* Retz.

科属:菊科 Asteraceae   飞蓬属 *Erigeron*

特征简介:一年或二年生草本。根纺锤状,直或弯。茎粗壮,直立,被较密灰白色上弯糙短毛。叶密集,基部叶花期凋落,下部叶倒披针形或披针形,中部和上部叶渐小,狭披针形或近线形,具齿或全缘,两面特别下面被密糙短毛。头状花序多数,径5~8毫米;总苞卵状短圆柱状;花托稍平,具明显小窝孔;雌花多层,舌片淡黄色或淡紫色,极短细,丝状,顶端具2条细裂;两性花6~11朵,花冠淡黄色,檐部狭漏斗形。瘦果线状披针形。

物种分布:原产于南美洲,我国淮河流域及其以南归化。长荡湖湖堤、田埂偶见。

拟鼠麹草 *Pseudognaphalium affine* (D. Don) Anderberg

科属:菊科Asteraceae 鼠曲草属*Pseudognaphalium*
别名:鼠曲草

特征简介:一年生草本。茎直立或基部发出的枝下部斜升,上部不分枝,有沟纹,被白色厚棉毛。叶无柄,匙状倒披针形或倒卵状匙形,基部渐狭,稍下延,顶端圆,具刺尖头,两面被白色棉毛。头状花序较多或较少数,近无柄,在枝顶密集成伞房花序,花黄色至淡黄色;总苞钟形,总苞片2~3层,金黄色或柠檬黄色,膜质,有光泽;花托中央稍凹入。雌花多数,细管状。两性花少,管状,向上渐扩大。瘦果倒卵形或倒卵状圆柱形,有乳头状突起。
物种分布:我国除东北以外全国广布,亚洲南部至印度尼西亚也有。长荡湖湖堤、草丛、荒地、田埂常见。

群聚

植株

旋覆花 *Inula japonica* Thunb.

科属:菊科Asteraceae 旋覆花属*Inula*
别名:旋覆花、线叶旋覆花

特征简介:多年生草本。茎单生,有时2~3个簇生,直立,被长伏毛,或下部有时脱毛,上部有上升或开展的分枝。基部叶常较小,在花期枯萎;中部叶长圆形、长圆状披针形或披针形,基部多少狭窄,常有圆形半抱茎的小耳,无柄。头状花序多数或少数排列成疏散的伞房花序;花序梗细长。总苞片约6层,线状披针形。舌状花黄色,较总苞长2~2.5倍;舌片线形。瘦果圆柱形,有10条沟。
物种分布:我国除西北和西南以外各省皆有分布,长荡湖湖堤、田埂偶见。

花期

天名精 *Carpesium abrotanoides* L.

科属: 菊科 Asteraceae　　天名精属 *Carpesium*

特征简介: 多年生粗壮草本。茎圆柱状,下部木质,近于无毛,上部密被短柔毛,多分枝。基叶开花前凋萎,茎下部叶广椭圆形或长椭圆形,茎上部叶较密,长椭圆形或椭圆状披针形,先端渐尖或锐尖,基部阔楔形,无柄或具短柄。头状花序多数,生茎端及叶腋,近无梗,成穗状花序式排列。总苞钟球形,基部宽,上端稍收缩,成熟时开展成扁球形;苞片3层。雌花狭筒状,两性花筒状,冠檐5齿裂。瘦果针形,有黏性。

物种分布: 我国长江流域及其以南广布,南亚及西亚至苏联高加索地区皆有分布。长荡湖周边林下、村庄、荒地等生境偶见。

苍耳 *Xanthium strumarium* L.

科属: 菊科 Asteraceae　　苍耳属 *Xanthium*

特征简介: 一年生草本。根纺锤状,茎下部圆柱形,上部有纵沟,被灰白色糙伏毛。叶三角状卵形或心形,近全缘,或有3~5条不明显浅裂,顶端尖或钝,基部稍心形或截形,边缘有不规则粗锯齿,3基出脉。雄性头状花序球形,有或无花序梗,花托柱状,托片倒披针形,有多数雄花,花冠钟形;雌性头状花序椭圆形,内层总苞片结合成囊状,绿色,在瘦果成熟时变坚硬,外面有疏生的具钩状的刺,刺极细而直;喙坚硬,锥形,上端略呈镰刀状。瘦果2颗,倒卵形。

物种分布: 我国南北各省皆有分布,亚洲其他国家也有。长荡湖周边堤坝、田埂等地常见。

豚草 *Ambrosia artemisiifolia* L.

科属：菊科 Asteraceae　豚草属 *Ambrosia*

特征简介：一年生草本。茎直立，上部有圆锥状分枝，有棱，被疏生密糙毛。下部叶对生，具短叶柄，2次羽状分裂；上部叶互生，无柄，羽状分裂。雄头状花序半球形或卵形，具短梗，下垂，在枝端密集成总状花序。雌头状花序无花序梗，在雄头花序下面或在下部叶腋单生，或2~3个密集成团伞状，有1个无被能育的雌花，顶端有围裹花柱的圆锥状嘴部；花柱2深裂，丝状，伸出总苞的嘴部。瘦果倒卵形，无毛，藏于坚硬的总苞中。

物种分布：原产于北美，我国长江流域归化。长荡湖湖堤偶见。

植株

雌株

百日菊 *Zinnia elegans* Jacq.

科属：菊科 Asteraceae　百日菊属 *Zinnia*

特征简介：一年生草本。茎直立，被糙毛或长硬毛。叶宽卵圆形或长圆状椭圆形，基部稍心形抱茎，两面粗糙，下面被密集短糙毛，基出3脉。头状花序径5~6.5厘米，单生枝端。总苞宽钟状；总苞片多层。舌状花深红色、玫瑰色、紫堇色或白色，舌片倒卵圆形，先端2~3齿裂或全缘。管状花黄色或橙色，先端裂片卵状披针形，上面被黄褐色密茸毛。雌花瘦果倒卵圆形，扁平；管状花瘦果倒卵状楔形，极扁。

物种分布：原产于墨西哥，我国各地栽培广泛。长荡湖水城等地作时令草花栽培。

橙色型

玫瑰色型

豨莶 *Sigesbeckia orientalis* L.

科属：菊科 Asteraceae　豨莶属 *Sigesbeckia*

特征简介：一年生草本。茎直立，分枝斜升，上部分枝常成复二歧状；全部分枝被灰白色短柔毛。基部叶花期枯萎；中部叶三角状卵圆形或卵状披针形，边缘有规则的浅裂或粗齿，纸质，具腺点，两面被毛，3出基脉；上部叶渐小，卵状长圆形，边缘浅波状或全缘，近无柄。头状花序多数聚生于枝端；花梗密生短柔毛；总苞片2层，叶质，背面被紫褐色头状具柄的腺毛。花黄色；两性管状花上部钟状，上端有4~5片卵圆形裂片。瘦果倒卵圆形，具4棱。

物种分布：我国秦岭淮河以南广布，北半球热带、亚热带及温带地区广布。长荡湖周边路旁、田埂偶见。

植株

醴肠 *Eclipta prostrata* (L.) L.

科属：菊科 Asteraceae　醴肠属 *Eclipta*
别名：墨旱莲

特征简介：一年生草本。茎直立，斜升或平卧，通常自基部分枝，被贴生糙毛。叶长圆状披针形或披针形，无柄或有极短的柄，边缘有细锯齿或有时仅呈波状，两面被密硬糙毛。头状花序有长2~4厘米的细花序梗；总苞球状钟形，总苞片绿色，草质，5~6个排成2层；外围雌花2层，舌状，舌片顶端2浅裂或全缘，中央的两性花多数，花冠管状，白色，顶端4齿裂；花柱分枝钝。瘦果暗褐色，雌花的瘦果三棱形，两性花的瘦果扁四棱形。

物种分布：原产于美洲，现世界热带及亚热带地区广布。长荡湖周边湖堤潮湿处及路旁等生境常见。

花期

果期

黑心金光菊 *Rudbeckia hirta* L.

科属:菊科 Asteraceae　金光菊属 *Rudbeckia*
别名:黑心菊

特征简介:一年或二年生草本。茎不分枝或上部分枝,全株被粗刺毛。下部叶长卵圆形、长圆形或匙形,基部楔状下延,边缘有细锯齿,有具翅的柄;上部叶长圆状披针形,边缘有细至粗疏锯齿或全缘,无柄或具短柄,两面被白色密刺毛。头状花序径5~7厘米,有长花序梗;总苞片外层长圆形,内层较短,披针状线形;花托圆锥形。舌状花鲜黄色;舌片长圆形,通常10~14个,顶端有2~3个不整齐短齿。管状花暗褐色或暗紫色。瘦果四棱形,黑褐色。

物种分布:原产于北美,我国各地庭园常见栽培。长荡湖作时令花卉栽培。

花丛

两色金鸡菊 *Coreopsis tinctoria* Nutt.

科属:菊科 Asteraceae　金鸡菊属 *Coreopsis*
别名:蛇目菊

花期

特征简介:一年生草本。无毛;茎直立,上部有分枝。叶对生,下部及中部叶有长柄,2次羽状全裂,裂片线形或线状披针形,全缘;上部叶无柄或下延成翅状柄,线形。头状花序多数,有细长花序梗,径2~4厘米,排列成伞房或疏圆锥花序状。总苞半球形,总苞片外层较短。舌状花黄色,舌片倒卵形;管状花红褐色,狭钟形。瘦果长圆形或纺锤形。

物种分布:原产于北美,多作观赏植物,我国各地常见栽培。长荡湖周边常作时令草花栽培。

大花金鸡菊 *Coreopsis grandiflora* Hogg.

科属:菊科 Asteraceae　金鸡菊属 *Coreopsis*

特征简介:多年生草本。茎直立,下部常有稀疏糙毛,上部有分枝。叶对生;基部叶有长柄,披针形或匙形;下部叶羽状全裂,裂片长圆形;中部及上部叶3~5深裂,裂片线形或披针形,中裂片较大,两面及边缘有细毛。头状花序单生于枝端,径4~5厘米,具长花序梗。总苞片外层较短,披针形;托片线状钻形。舌状花6~10朵,舌片宽大,黄色;管状花2性。瘦果广椭圆形或近圆形,边缘具膜质宽翅。

物种分布:原产于美洲,多作观赏植物,我国各地常见栽培。长荡湖周边常作时令草花栽培。

花丛

秋英 *Cosmos bipinnatus* Cavanilles

科属:菊科 Asteraceae　秋英属 *Cosmos*
别名:波斯菊、大波斯菊

特征简介:一年或多年生草本。根纺锤状,茎无毛或稍被柔毛。叶2次羽状深裂,裂片线形或丝

状线形。头状花序单生,径3~6厘米。总苞片外层披针形或线状披针形,近革质。托片平展,上端成丝状。舌状花紫红色、粉红色或白色;舌片椭圆状倒卵形,3~5个钝齿;管状花黄色,管部短,上部圆柱形,有披针状裂片;花柱具短突尖的附器。瘦果黑紫色,上端具长喙,有2~3个尖刺。

物种分布:原产于墨西哥至巴西,我国各地广泛栽培。长荡湖周边作时令草花栽培。

黄秋英 *Cosmos sulphureus* Cav.

科属:菊科 Asteraceae　秋英属 *Cosmos*
别名:硫黄菊

特征简介:一年生草本植物。直立,丛生,多分枝。叶对生,2回羽状深裂,裂片呈披针形,有短尖,叶缘粗糙。头状花序着生于枝顶,舌状花有单瓣和重瓣两种,直径3~5厘米,颜色多为金黄或橙色。盘心管状花呈黄色至褐红色。瘦果总长1.8~2.5厘米,棕褐色,坚硬,粗糙有毛,顶端有细长喙。

物种分布:原产于墨西哥,我国各地广泛栽培。长荡湖周边作时令草花栽培。

大狼杷草 *Bidens frondosa* L.

科属:菊科 Asteraceae　鬼针草属 *Bidens*

特征简介:一年生草本。茎直立,分枝,被疏毛或无毛,常带紫色。叶对生,具柄,1回羽状复叶,小叶3~5片,披针形,边缘有粗锯齿,通常背面被稀疏短柔毛,至少顶生者具明显的柄。头状花序单生茎端和枝端。总苞钟状或半球形,外层苞片5~10枚,通常8枚,披针形或匙状倒披针形,叶状;无舌状花,筒状花2性,冠檐5裂;瘦果扁平,狭楔形,顶端芒刺2枚,有倒刺毛。

物种分布:原产于北美,我国华东地区归化。长荡湖周边潮湿处常见。

花期

鬼针草 *Bidens pilosa* L.

科属:菊科 Asteraceae　鬼针草属 *Bidens*

特征简介:一年生草本。茎直立,钝四棱形,无毛或上部被极稀疏的柔毛。茎下部叶较小,3裂或不分裂,通常在开花前枯萎,中部叶3小叶复叶,基部近圆形或阔楔形,有时偏斜,不对称,边缘有锯齿。总苞苞片7~8枚,条状匙形。无舌状花,盘花筒状,冠檐5齿裂。瘦果黑色,条形,略扁,具棱,顶端芒刺3~4枚,具倒刺毛。

物种分布:原产于美洲,现广布于亚洲和美洲的热带和亚热带地区。长荡湖周边路旁、村庄、水边等生境常见。

花期

果期

植株

花期

婆婆针 *Bidens bipinnata* L.

科属: 菊科 Asteraceae 鬼针草属 *Bidens*

特征简介: 一年生草本。茎直立,下部略具4棱,无毛或上部被稀疏柔毛。叶对生,具柄,2回羽状分裂,第1次分裂深达中肋,裂片再次羽状分裂,小裂片三角状或菱状披针形,具1~2对缺刻或深裂,边缘有稀疏不规整的粗齿,两面均被疏柔毛。总苞杯形,基部有柔毛,外层苞片5~7枚,条形,草质,先端钝,被稍密的短柔毛。舌状花通常1~3朵,黄色;盘花筒状,黄色,冠檐5齿裂。瘦果条形,略扁,顶端具芒刺3~4枚,很少2枚,具倒刺毛。

物种分布: 原产于美洲,现广布于美洲、亚洲、欧洲及非洲东部。长荡湖湖堤、沟渠边偶见。

金盏银盘 *Bidens biternata* (Lour.) Merr. et Sherff

科属: 菊科 Asteraceae 鬼针草属 *Bidens*

特征简介: 一年生草本。茎直立,略具4棱,无毛或被稀疏卷曲短柔毛。1回羽状复叶,顶生小叶卵形至长圆状卵形或卵状披针形,基部楔形,边缘具稍密且近于均匀的锯齿,两面均被柔毛,侧生小叶通常不分裂,基部下延,无柄或具短柄。总苞基部有短柔毛,外层苞片8~10枚,草质,条形,背面密被短柔毛。舌状花通常3~5朵,淡黄色,长椭圆形,先端3齿裂,或有时无舌状花;盘花筒状,冠檐5齿裂。瘦果条形,黑色,顶端芒刺3~4枚,具倒刺毛。

物种分布: 我国长江流域及其以南广布,亚洲、非洲及大洋洲均有分布。长荡湖周边路旁、村庄及草丛偶见。

花期

万寿菊 *Tagetes erecta* **L.**

科属: 菊科 Asteraceae　万寿菊属 *Tagetes*

特征简介: 一年生草本。茎直立,通常近基部分枝,分枝斜开展。叶羽状分裂,裂片线状披针形,边缘有锯齿,齿端常有长细芒,齿的基部通常有1个腺体。头状花序单生,花序梗顶端稍增粗;总苞长椭圆形,上端具锐齿,有腺点;舌状花金黄色或橙色,带有红色斑;舌片近圆形,顶端微凹;管状花花冠黄色,与冠毛等长,具5齿裂。瘦果线形,基部缩小,黑色,被短柔毛。

物种分布: 原产于墨西哥,我国各地庭园常有栽培。长荡湖周边路旁、公园作时令草花栽培。

花期

天人菊 *Gaillardia pulchella* **Foug.**

科属: 菊科 Asteraceae　天人菊属 *Gaillardia*
别名: 虎皮菊

特征简介: 一年生草本。茎中部以上多分枝,分枝斜升,被短柔毛或锈色毛。下部叶匙形或倒披针形,边缘波状钝齿、浅裂至琴状分裂,先端急尖,近无柄,上部叶长椭圆形、倒披针形或匙形,全缘或上部有疏锯齿或中部以上3浅裂,基部无柄或心形半抱茎,叶两面被伏毛。总苞片披针形,边缘有长缘毛,背面有腺点,基部密被长柔毛。舌状花黄色,基部带紫色,舌片宽楔形,顶端2~3裂;管状花裂片三角形,顶端渐尖成芒状,被节毛。瘦果基部被长柔毛。

物种分布: 原产于热带美洲,我国广泛栽培。长荡湖周边路旁、公园作时令草花栽培。

基生叶

花果期

猪毛蒿 *Artemisia scoparia* Waldst. et Kit.

科属:菊科 Asteraceae　蒿属 *Artemisia*

特征简介:多年生草本。有浓烈香气;茎常红褐色或褐色,有纵纹;茎、枝幼时被灰白色或灰黄色绢质柔毛,以后脱落。基生叶与营养枝叶两面被灰白色绢质柔毛。中部叶长圆形或长卵形,1~2回羽状全裂,每侧具裂片2~3枚,小裂片丝线形或为毛发状,多少弯曲;茎上部叶与分枝上叶及苞片叶3~5枚全裂或不分裂。头状花序近球形,基部有线形小苞叶,并排成复总状或复穗状花序;雌花5~7朵,花冠檐具2裂齿;两性花4~10朵,不孕。瘦果倒卵形或长圆形。

物种分布:遍布我国各地,欧亚大陆温带与亚热带广布。长荡湖周边路旁、堤坝等生境常见。

植株

果期

艾 *Artemisia argyi* Lévl. et Van.

科属:菊科 Asteraceae　蒿属 *Artemisia*

特征简介:多年生草本或略呈半灌木状。有浓烈香气;茎有明显纵棱,褐色或灰黄褐色,基部稍木质化;茎、枝均被灰色蛛丝状柔毛。叶上面被灰白色短柔毛,并有白色腺点与小凹点,背面密被灰白色蛛丝状密绒毛;中部叶卵形或近菱形,羽状深裂至半裂。头状花序椭圆形,每数枚至10余枚在分枝上排成穗状花序,花后头状花序下倾;雌花6~10朵,花冠狭管状,紫色;两性花8~12朵,花冠管状或高脚杯状,外面有腺点,檐部紫色。瘦果长卵形或长圆形。

物种分布:我国除极干旱与高寒地区,遍布全国,俄罗斯也有分布。长荡湖村庄附近常见栽培。

植株

野艾蒿 *Artemisia lavandulifolia* Candolle

科属:菊科 Asteraceae　蒿属 *Artemisia*

特征简介:多年生草本。有时为半灌木状,植株有香气。茎具纵棱,分枝多;茎、枝被灰白色蛛丝
状短柔毛。叶上面绿色,具密集白色
腺点及小凹点,背面除中脉外密被灰
白色密绵毛;中部叶 1~2 回羽状全裂
或第 2 回为深裂,每侧有裂片 2~3 枚,
每枚裂片具 2~3 枚线状披针形或披针
形的小裂片或深裂齿,先端尖,边缘反
卷;上部叶羽状全裂。头状花序极多
数;雌花 4~9 朵,花冠狭管状,檐部具 2
裂齿,紫红色;两性花 10~20 朵,花冠
管状,檐部紫红色。瘦果长卵形或倒
卵形。

植株

物种分布:我国除新疆、西藏以外广布
各地,俄罗斯、日本也有。长荡湖周边
路旁常见。

矮蒿 *Artemisia lancea* Van.

科属:菊科 Asteraceae　蒿属 *Artemisia*

特征简介:多年生草本。茎具细棱,褐色或紫
红色;茎、枝初时微被蛛丝状微柔毛,后毛渐脱
落。叶背面密被灰白色或灰黄色蛛丝状毛;中
部叶 1~2 回羽状全裂,稀深裂,每侧裂片 2~3
枚,裂片披针形或线状披针形,长 1.5~2.5 厘
米,宽 1~2 毫米,先端锐尖,边外卷;雌花 1~3
朵,花冠狭管状,檐部具 2 裂齿或无裂齿,紫红
色;两性花 2~5 朵,花冠长管状,檐部紫红色。
瘦果小,长圆形。

物种分布:我国除新疆、西藏以外各地皆有分
布,亚洲其他国家也有。长荡湖周边村庄、
路旁常见。

植株

黄花蒿 *Artemisia annua* L.

科属:菊科 Asteraceae　蒿属 *Artemisia*

特征简介:一年生草本。植株有浓烈的挥发性香气。多分枝,茎、枝、叶两面及总苞片背面无毛或

植株

初时背面微有极稀疏短柔毛。叶两面具细小脱落性白色腺点及细小凹点,3~4回栉齿状羽状深裂,每侧有裂片5~10枚,裂片长椭圆状卵形,再次分裂,小裂片边缘具多枚栉齿状三角形或长三角形深裂齿;雌花10~18朵,花冠狭管状,檐部具2~3裂齿;两性花10~30朵,结实或中央少数花不结实,花冠管状。瘦果小,椭圆状卵形,略扁。

物种分布:遍及我国,欧亚大陆寒温带至亚热带地区皆有。长荡湖周边路旁、堤坝、荒地等生境常见。

蒌蒿 *Artemisia selengensis* Turcz. ex Bess.

科属:菊科 Asteraceae　蒿属 *Artemisia*
别名:芦蒿

特征简介:多年生草本。植株具清香。茎少数或单一,初时绿褐色,后为紫红色,无毛,具明显纵棱,下部通常半木质化,上部有着生头状花序的分枝。叶上面近无毛,背面密被灰白色蛛丝状平贴的绵毛;中部叶近掌状,5深裂或为指状3深裂,裂片长椭圆形或线状披针形,叶缘或裂片边缘有锯齿;上部叶与苞片叶指状3深裂,2裂或不分裂。头状花序多数,近无梗;雌花8~12朵,花冠狭管状,檐部具1浅裂;两性花10~15朵,花冠管状。瘦果卵形,略扁。
物种分布:我国除新疆、西藏以外全国广布。长荡湖湖堤潮湿处有分布。

花期

植株

大滨菊 *Leucanthemum maximum* (Ramood) DC.

科属:菊科 Asteraceae　滨菊属 *Leucanthemum*
别名:西洋菊、牛眼菊、法兰西菊、法国菊

特征简介:二年或多年生草本植物。株高 30~70 厘米,全株光滑无毛。茎直立,不分枝或自基部疏分枝,被长毛,叶互生,长倒披针形,基生叶长 30 厘米,上部叶渐短,披针形,先端钝圆,基部渐狭,边缘具细尖锯齿。头状花序,单生枝端,直径 5~8 厘米。舌状花白色,舌片宽,先端钝圆;总苞片宽长圆形,先端钝,边缘膜质,中央多少褐色或绿色。瘦果,无冠毛。

物种分布:原产于欧洲,我国华北、华东等地有栽培。长荡湖环湖公园及湖堤作时令草花栽培。

松果菊 *Echinacea purpurea*

科属:菊科 Asteraceae　松果菊属 *Echinacea*

特征简介:多年生草本植物。株高 60~150 厘米,全株具粗毛,茎直立;基生叶卵形或三角形,茎生叶卵状披针形,叶柄基部稍抱茎;头状花序单生于枝顶,或多数聚生,花径达 10 厘米,舌状花紫红色,管状花橙黄色。花期 6~7 月。

物种分布:原产于北美,世界各地多有栽培。长荡湖环湖公园及湖堤作时令草花栽培。

黄帝菊 *Melampodium paludosum* H. B. K.

科属:菊科 Asteraceae　黑足菊属 *Melampodium*

别名:美兰菊、皇帝菊

特征简介:多年生草本。株高30~50厘米;茎圆柱形,紫红色,多分枝,茎端密被蛛丝状绒毛。叶卵形至椭圆形,边缘具稀疏尖锐锯齿,两面疏被糙伏毛或近无毛;离基3出脉明显,网脉不显著;对生。头状花序生于枝端或上部叶腋,茎2.5~3厘米,总苞片宽钟形,先端5裂,裂片三角形;舌状花黄色;管状花2性,黄色。

物种分布:原产于中美洲,现我国多地均有栽培。长荡湖周边公路旁常作时令草花栽培。

野菊 *Chrysanthemum indicum* L.

科属:菊科 Asteraceae　菊属 *Chrysanthemum*

特征简介:多年生草本。茎枝被稀疏毛;基生叶和下部叶花期脱落。中部茎叶卵形、长卵形或椭圆状卵形,羽状半裂、浅裂或分裂不明显,边缘有浅锯齿。基部截形、稍心形或宽楔形。两面有稀疏短柔毛。头状花序多数,在茎枝顶端排成疏松的伞房花序。总苞片约5层,外层卵形或卵状三角形。舌状花黄色,顶端全缘或具2~3齿。

物种分布:我国除西北以外各地广布,亚洲其他国家也有。长荡湖周边湖堤有分布。

石胡荽 *Centipeda minima* (L.) A. Br. et Aschers.

科属:菊科 Asteraceae　石胡荽属 *Centipeda*
别名:鹅不食草

特征简介:一年生小草本。茎多分枝,高5~20厘米,匍匐状,微被蛛丝状毛或无毛。叶互生,楔状倒披针形,顶端钝,基部楔形,边缘有少数锯齿,无毛或背面微被蛛丝状毛。头状花序小,扁球形,直径约3毫米,单生于叶腋,无花序梗或极短;缘花雌性,多层,花冠细管状,淡绿黄色,顶端2~3微裂;盘花2性,管状,淡紫红色。瘦果椭圆形,具4棱。

物种分布:我国除西北及新疆、西藏以外各地广布,往南至大洋洲也有。长荡湖湖滩潮湿处有分布。

果期

大吴风草 *Farfugium japonicum* (L. f.) Kitam.

科属:菊科 Asteraceae　大吴风草属 *Farfugium*

特征简介:多年生葶状草本。根茎粗壮。叶全部基生,莲座状,有长柄,基部扩大,呈短鞘,抱茎,鞘内被密毛,叶片肾形,先端圆形,全缘或有小齿至掌状浅裂,叶质厚,近革质,两面幼时被灰色柔毛,后脱毛,上面绿色,下面淡绿色;茎生叶1~3片,苞叶状,长圆形或线状披针形。头状花序辐射状,具花2~7朵,排列成伞房状花序;花序梗被毛;总苞钟形或宽陀螺形。舌状花8~12朵,黄色,舌片长圆形或匙状长圆形;管状花多数。瘦果圆柱形,有纵肋,被成行的短毛。

物种分布:我国华中及华南野生,全国各地均有栽培。长荡湖周边公园常在林下栽培。

群聚

花期

刺儿菜 *Cirsium arvense* var. *integrifolium* C. Wimm. et Grabowski

科属:菊科 Asteraceae　蓟属 *Cirsium*

别名:小蓟

特征简介:多年生草本。茎直立,上部有分枝,无毛或有薄绒毛。基生叶和中部茎叶椭圆形、长椭圆形或椭圆状倒披针形,顶端钝或圆形,基部楔形,通常无叶柄,上部茎叶渐小;叶缘有细密的针刺或刺齿,齿顶及裂片顶端有较长的针刺,齿缘及裂片边缘的针刺较短且贴伏;两面无毛。头状花序单生茎端,或植株含少数或多数头状花序在茎枝顶端排成伞房花序。小花紫红色或白色。瘦果淡黄色,椭圆形或偏斜椭圆形,压扁。

物种分布:我国除华南、西南以外全国广布,欧亚大陆温带及亚寒带广布。长荡湖周边湖堤、田埂等地常见。

花期

基生叶

泥胡菜 *Hemisteptia lyrata* (Bunge) Fischer & C. A. Meyer

科属:菊科 Asteraceae　泥胡菜属 *Hemisteptia*

特征简介:一年生草本。茎单生,很少簇生,通常纤细,被稀疏蛛丝毛。基生叶长椭圆形或倒披针形,花期通常枯萎;中下部茎叶与基生叶同形,羽状深裂或几全裂,侧裂片倒卵形、长椭圆形,边缘三角形锯齿或重锯齿;两面异色,上面绿色,无毛,下面灰白色,被厚或薄绒毛。头状花序在茎枝顶端排成疏松伞房花序。总苞宽钟状或半球形。小花紫色或红色,花冠檐部深5裂,裂片线形。瘦果小,楔状或偏斜楔形,深褐色,压扁。冠毛异型,白色,2层。

物种分布:我国除新疆、西藏以外,遍布全国,往南至澳大利亚也有。长荡湖周边湖堤、田埂、荒地常见。

花序

基生叶

丝毛飞廉 *Carduus crispus* L.

科属: 菊科 Asteraceae 飞廉属 *Carduus*
别名: 飞廉

特征简介: 二年或多年生草本。茎直立,有条棱,上部或接头状花序下部有稀疏或较稠密的蛛丝状毛或蛛丝状棉毛。下部茎叶侧裂片边缘有大小不等的三角形或偏斜三角形刺齿,齿顶及齿缘有针刺,齿顶针刺较长,齿缘针刺较短;中部茎叶与下部茎叶同形但渐小;茎叶被蛛丝状薄绵毛。头状花序的花序梗极短,通常3~5个集生于分枝顶端或茎端。小花红色或紫色,5深裂。瘦果稍压扁,楔状椭圆形。

物种分布: 几乎遍布我国,北半球广布。长荡湖周边湖堤、路旁、荒地均有分布。

花期

矢车菊 *Cyanus segetum* Hill.

科属: 菊科 Asteraceae 矢车菊属 *Cyanus*
别名: 矢车菊

特征简介: 一年或二年生草本。茎枝灰白色,被薄蛛丝状卷毛。基生叶及下部茎叶长椭圆状倒披针形或披针形,不分裂,边缘全缘或具疏锯齿,侧裂片全缘,顶裂片边缘有小锯齿。中部茎叶线形,无柄,全缘,上部茎叶与中部茎叶同形,但渐小。茎叶两面异色,上面被稀疏蛛丝毛或脱毛,下面被薄绒毛。头状花序在茎枝顶端排成伞房花序。边花增大,超长于中央盘花,蓝色、白色、红色或紫色,檐部5~8裂,盘花浅蓝色或红色。瘦果椭圆形,有细条纹,被稀疏的白色柔毛。

物种分布: 原产于欧洲,我国各地均有栽培。长荡湖周边湖堤、公园常作时令花卉栽培。

花丛

花序

黄鹌菜 *Youngia japonica* (L.) DC.

科属:菊科 Asteraceae　黄鹌菜属*Youngia*

特征简介:一年生草本。基生叶大头羽状深裂或全裂,极少有不裂的,叶柄有狭或宽翼或无翼,顶裂片卵形、倒卵形或卵状披针形,顶端圆形或急尖,边缘有锯齿或几全缘,侧裂片3~7对,向下渐小,最下方的侧裂片耳状;无茎叶或极少有1~2枚茎生叶,与基生叶同形。头状花序少数或多数在茎枝顶端排成伞房花序状。总苞圆柱状,4层。舌状小花黄色,花冠管外面有短柔毛。瘦果纺锤形,压扁,褐色或红褐色,向顶端有收缢,顶端无喙。

物种分布:我国除新疆、西藏以外全国广布,往南至马来半岛也有。长荡湖周边路旁、草丛常见。

基生叶

花序

花叶滇苦菜 *Sonchus asper* (L.) Hill.

科属:菊科 Asteraceae　苦苣菜属*Sonchus*
别名:续断菊

特征简介:一年生草本。茎单生或少数茎成簇生,有纵纹或纵棱。基生叶与茎生叶同形,但较小;中下部茎叶长椭圆形,基部渐狭成短或较长的翼柄,柄基耳状抱茎或基部无柄,耳状抱茎;羽状浅裂、半裂或深裂。全部叶及裂片与抱茎的圆耳边缘有尖齿刺,两面光滑无毛,质地薄。头状花序少数(5个)或较多(10个)在茎枝顶端排稠密的伞房花序。总苞宽钟状,3~4层。舌状小花黄色。瘦果倒披针状,褐色,压扁,两面各有3条细纵肋。

物种分布:原产于欧洲和地中海,我国除华北、东北、华南以外各省归化。长荡湖周边路旁、堤坝、草丛等生境常见。

花期

苦苣菜 *Sonchus oleraceus* L.

科属:菊科 Asteraceae　苦苣菜属 *Sonchus*

特征简介:一年或二年生草本。茎直立,单生,有纵条棱或条纹,全部茎枝光滑无毛。基生叶羽状深裂,全形长椭圆形或倒披针形,或大头羽状深裂;中下部茎叶羽状深裂或大头状羽状深裂,全基部急狭成翼柄,柄基圆耳状抱茎,顶裂片与侧裂片等大、较大或大,侧生裂片常下弯,基部半抱茎。头状花序少数在茎枝顶端排成紧密的伞房花序或总状花序或单生茎枝顶端。总苞宽钟状。舌状小花多数,黄色。瘦果褐色,长椭圆形或长椭圆状倒披针形。

物种分布:原产于欧洲和地中海沿岸,我国辽宁以南各省皆有分布。长荡湖周边路旁、堤坝、荒地常见。

植株

苣荬菜 *Sonchus wightianus* DC.

科属:菊科 Asteraceae　苦苣菜属 *Sonchus*
别名:匍茎苦菜

特征简介:多年生草本。茎直立,有细条纹。基生叶多数,与中下部茎叶全形倒披针形或长椭圆形,羽状或倒向羽状深裂、半裂或浅裂;全部叶裂片边缘有小锯齿或无锯齿而有小尖头;上部茎叶及接花序分枝下部的叶披针形或线钻形,小或极小;叶基部渐窄成长或短翼柄,中部以上茎叶无柄,基部圆耳状扩大半抱茎。头状花序在茎枝顶端排成伞房状花序。总苞钟状,3层。舌状花多数,黄色。瘦果稍压扁,长椭圆形,每面有5条细肋,肋间有横皱纹。

物种分布:我国除东北、华北以外各省皆有分布,全世界广布。长荡湖湖堤及沟渠潮湿处有分布。

花期

苦荬菜 *Ixeris polycephala* Cass.

科属：菊科 Asteraceae 苦荬菜属 *Ixeris*
别名：多头苦荬菜

特征简介：一年生草本。茎直立，上部伞房花序状分枝，全部茎枝无毛。基生叶花期生存，线形或线状披针形，顶端急尖，基部渐狭成长或短柄；中下部茎叶披针形或线形，顶端急尖，基部箭头状半抱茎，向上或最上部的叶渐小，与中下部茎叶同形；全部叶两面无毛，边缘全缘，极少下部边缘有稀疏小尖头。头状花序多数，在茎枝顶端排成伞房状花序，花序梗细。总苞圆柱状，果期扩大成卵球形；总苞片3层。舌状小花10~25朵，黄色，极少白色。瘦果压扁，有10条高起的尖翅肋。

物种分布：我国秦岭淮河以南广布，中南半岛及印度、尼泊尔也有。长荡湖湖堤有分布。

尖裂假还阳参 *Crepidiastrum sonchifolium* (Maximowicz) Pak & Kawano

科属：菊科 Asteraceae 假还阳参属 *Crepidiastrum*
别名：抱茎苦荬菜

特征简介：多年生草本。茎上部分枝。基生叶呈莲座状，匙形至长椭圆形，基部渐窄成宽翼柄，不裂或大头羽状深裂，上部叶心状披针形，多全缘，基部心形或圆耳状抱茎。头状花序排成伞房或伞房圆锥花序，总苞圆柱形，舌状小花黄色。瘦果黑色，纺锤形，喙细丝状，冠毛白色。

物种分布：分布于我国辽宁以南，我国除新疆、青海、西藏外几乎遍布全国，朝鲜、日本也有分布。长荡湖周边湖堤、草丛有分布。

稻槎菜 *Lapsanastrum apogonoides* (Maximowicz) Pak et K. Bremer

科属：菊科Asteraceae　稻槎菜属*Lapsanastrum*

特征简介：一年生矮小草本。茎细,自基部发出多数或少数簇生分枝及莲座状叶丛。基生叶全形椭圆形、长椭圆状匙形或长匙形,大头羽状全裂或几全裂,具长1~4厘米的叶柄,顶裂片卵形、菱形或椭圆形,侧裂片椭圆形,边缘全缘或有极稀疏针刺状小尖头。头状花序小,少数在茎枝顶端排列成疏松的伞房状圆锥花序;总苞片2层。舌状小花黄色,2性。瘦果淡黄色,稍压扁,长椭圆形或长椭圆状倒披针形。

物种分布：我国秦岭淮河以南有分布,日本、朝鲜也有。长荡湖周边堤坝、农田有分布。

基生叶

花序

翅果菊 *Lactuca indica* L.

科属：菊科Asteraceae　翅果菊属*Lactuca*

别名：山莴苣、苦莴苣

特征简介：一年或二年生草本。茎直立,单生,高0.4~2米,无毛。全部茎叶线形,边缘大部全缘或仅基部或中部以下两侧边缘有小尖头或稀疏细锯齿或尖齿,边缘有稀疏尖齿或几全缘或全部茎叶椭圆形。头状花序果期卵球形,多数沿茎枝顶端排成圆锥花序或总状圆锥花序。总苞片4层,边缘染紫红色。舌状小花25朵,黄色。瘦果椭圆形,黑色,压扁,边缘有宽翅。

物种分布：我国除东北、内蒙古、新疆以外各省皆有分布,往南至爪哇也有。长荡湖周边堤坝、路旁、田埂等地皆有。

花期

蒲公英 *Taraxacum mongolicum* Hand.-Mazz.

科属：菊科 Asteraceae　　蒲公英属 *Taraxacum*

特征简介：多年生草本。叶倒卵状披针形、倒披针形或长圆状披针形，先端钝或急尖，边缘有时具波状齿或羽状深裂，顶端裂片较大，三角形或三角状戟形，全缘或具齿，每侧裂片3~5片，裂片三角形或三角状披针形，叶柄及主脉常带红紫色，疏被蛛丝状白色柔毛或几无毛。花葶单个至数个，与叶等长或稍长，上部紫红色，密被蛛丝状白色长柔毛；总苞钟状，总苞片2~3层；舌状花黄色，边缘花舌片背面具紫红色条纹。瘦果倒卵状披针形，暗褐色，上部具小刺。

物种分布：我国除新疆、西藏、海南以外各省皆有，朝鲜及俄罗斯远东也有分布。长荡湖湖堤、田埂常见。

接骨草 *Sambucus javanica* Blume

科属：五福花科 Adoxaceae　　接骨木属 *Sambucus*

特征简介：高大草本或半灌木。茎有棱条，髓部白色。羽状复叶的托叶叶状或有时退化成蓝色腺体；小叶2~3对，互生或对生，狭卵形，基部钝圆，两侧不等，边缘具细锯齿，近基部或中部以下边缘常有1枚或数枚腺齿。复伞形花序顶生，大而疏散，总花梗基部托以叶状总苞片，分枝3~5个；杯形不孕性花不脱落，可孕性花小；萼筒杯状，萼齿三角形；花冠白色，仅基部连合，花药黄色或紫色；子房3室，花柱极短或几无，柱头3裂。果实红色，近圆形。

物种分布：我国秦岭、淮河以南有分布，日本也有。长荡湖南部围堰堤坝有分布。

忍冬 *Lonicera japonica* Thunb.

科属：忍冬科 Caprifoliaceae   忍冬属 *Lonicera*
别名：金银花

特征简介：半常绿藤本。幼枝红褐色，密被硬直糙毛、腺毛和短柔毛，下部常无毛。叶纸质，卵形至矩圆状卵形，顶端尖或渐尖，基部圆或近心形，有糙缘毛；叶柄密被短柔毛。总花梗通常单生于小枝上部叶腋，密被短柔毛，并夹杂腺毛；苞片大，叶状，卵形至椭圆形；小苞片顶端圆形或截形；花冠白色，有时基部向阳面呈微红，后变黄色，唇形，筒稍长于唇瓣，上唇裂片顶端钝形，下唇带状而反曲；雄蕊和花柱均高出花冠。果实圆形，熟时蓝黑色。
物种分布：我国除黑龙江、海南及高原省份以外各省均有分布，日本、朝鲜也有。长荡湖周边村庄常有栽培，五叶及上黄湖堤有野生。

海桐 *Pittosporum tobira* (Thunb.) Ait.

科属：海桐科 Pittosporaceae   海桐属 *Pittosporum*

特征简介：常绿灌木或小乔木。嫩枝被褐色柔毛，有皮孔。叶聚生于枝顶，革质，嫩时上下两面有柔毛，以后变秃净，倒卵形或倒卵状披针形，先端圆形或钝，常微凹入，基部窄楔形，全缘，干后反卷。伞形花序或伞房状伞形花序顶生或近顶生；苞片披针形。花白色，有芳香，后变黄色；萼片卵形；花瓣倒披针形，离生；雄蕊2型；子房长卵形，密被柔毛。蒴果圆球形，有棱或呈三角形，3片裂开，果片木质，内侧黄褐色，有光泽，具横格；种子多角形，红色。
物种分布：分布于我国长江以南滨海各省，内地多为栽培供观赏，亦见于日本及朝鲜。长荡湖周边常作树篱栽培。

常春藤 *Hedera nepalensis* var. *sinensis* (Tobl.) Rehd.

科属:五加科Araliaceae   常春藤属*Hedera*

特征简介:常绿攀援灌木。有气生根;叶革质,在不育枝上通常为三角状卵形、三角形或箭形,先端短渐尖,基部截形,稀心形,边缘全缘或3裂,花枝上的叶通常为椭圆状卵形,略歪斜,也有稀卵形、披针形或箭形。伞形花序单个顶生,或排列成圆锥花序;苞片小,三角形;花淡黄白色或淡绿白色,芳香;萼密生棕色鳞片;花瓣5片,三角状卵形;雄蕊5枚,花药紫色;子房5室;花盘隆起,黄色;花柱合生成柱状。果实球形,红色或黄色。

物种分布:我国秦岭淮河以南广布,越南也有。长荡湖水城有栽培。

叶片

花期

天胡荽 *Hydrocotyle sibthorpioides* Lam.

科属:伞形科Apiaceae   天胡荽属*Hydrocotyle*

特征简介:多年生草本。茎细长而匍匐,平铺地上成片,节上生根。叶圆形或肾圆形,基部心形,不分裂或5~7裂,裂片阔倒卵形,边缘有钝齿,表面光滑,背面脉上疏被粗伏毛;托叶略呈半圆形,全缘或稍有浅裂。伞形花序与叶对生,单生于节上;小总苞片卵形至卵状披针形;小伞形花序有花5~18朵,花无柄或有极短的柄,花瓣卵形,绿白色,有腺点。果实略呈心形,两侧扁压,中棱在果熟时极为隆起。

物种分布:我国秦岭淮河以南各省均有分布,东南亚及印度也有。长荡湖周边路旁、荒地常见。

群聚

果期

南美天胡荽 *Hydrocotyle verticillata* **Thunb.**

科属:伞形科Apiaceae　天胡荽属*Hydrocotyle*
别名:香菇草、铜钱草

特征简介:多年生草本植物。陆生、挺水或湿生。植株具有蔓生性,株高5~15厘米,节上常生根。茎顶端呈褐色。叶互生,具长柄,圆盾形,直径2~4厘米,缘波状,草绿色,叶脉15~20条放射状。花2性;伞形花序;小花白色。果为分果。

物种分布:原产于中北美洲,我国引种栽培,常逸为野生。长荡湖水八卦等地有分布。

植株

花果

积雪草 *Centella asiatica* **(L.) Urban**

科属:伞形科Apiaceae　积雪草属*Centella*

特征简介:多年生草本。茎匍匐,细长,节上生根。叶圆形、肾形或马蹄形,边缘有钝锯齿,基部阔心形,两面无毛或在背面脉上疏生柔毛;掌状脉5~7条,两面隆起,脉上部分叉。苞片膜质;伞形花序梗2~4个,聚生于叶腋,每一伞形花序有花3~4朵,聚集呈头状,花无柄或有1毫米长的短柄;花瓣卵形,紫红色或乳白色,膜质;花柱长约0.6毫米;花丝短于花瓣,与花柱等长。果实两侧扁压,圆球形,每侧有纵棱数条,棱间有明显的小横脉。

物种分布:我国秦岭淮河以南有分布,大洋洲、太平洋诸岛及非洲南部也有。长荡湖水街树篱下有分布。

植株

花序

破子草 *Torilis anthriscus* Gmel.

科属:伞形科Apiaceae   窃衣属*Torilis*

特征简介:一年或多年生草本。茎有纵条纹及刺毛。叶片长卵形,1~2回羽状分裂,两面疏生紧贴的粗毛,第1回羽片卵状披针形,边缘羽状深裂至全缘,末回裂片披针形至长圆形,边缘有条裂状的粗齿至缺刻或分裂。复伞形花序顶生或腋生,有倒生的刺毛;总苞片3~6枚,通常线形;伞辐4~12条,开展,有向上的刺毛;小总苞片5~8枚,线形或钻形;小伞形花序有花4~12朵;花瓣白色、紫红或蓝紫色,倒圆卵形,顶端内折。果实圆卵形,有内弯或呈钩状的皮刺。

物种分布:我国除黑龙江、内蒙古、新疆以外全国广布,北半球温带地区皆有。长荡湖周边堤坝、路旁、村庄常见。

窃衣 *Torilis scabra* (Thunb.) DC.

科属:伞形科Apiaceae   窃衣属*Torilis*

特征简介:一年或多年生草本。全株有贴生短硬毛。叶卵形,2回羽状分裂,小叶狭披针形至卵形,顶端渐尖,边缘有整齐缺刻或分裂。复伞形花序,常无总苞片,稀有1枚钻形苞片;伞辐2~4条,长1~5厘米;小总苞片数个,钻形,长2~3毫米;伞形花序有花3~10朵,花白或带淡紫色;萼齿三角形;花瓣被平伏毛。

物种分布:产于我国秦岭淮河一线以南,日本也有。长荡湖周边路旁、堤坝、荒地常见。

水芹 *Oenanthe javanica* (Bl.) DC.

科属:伞形科 Apiaceae　　水芹属 *Oenanthe*

特征简介:多年生草本。茎直立或基部匍匐。基生叶有柄,基部有叶鞘;叶片轮廓三角形,1~2回羽状分裂,末回裂片卵形至菱状披针形,边缘有齿或圆齿状锯齿;茎上部叶无柄,裂片和基生叶的裂片相似。复伞形花序顶生,无总苞;伞辐6~16条,不等长,直立和展开;小总苞片2~8枚,线形;小伞形花序有花20余朵,萼齿线状披针形;花瓣白色,倒卵形,有1枚长而内折的小舌片;花柱直立或两侧分开。果实近四角状椭圆形或筒状长圆形。

物种分布:我国广布,往南至爪哇也有。长荡湖周边低洼潮湿处常见。

细叶旱芹 *Cyclospermum leptophyllum* (Persoon) Sprague ex Britton & Wilson

科属:伞形科 Apiaceae　　细叶旱芹属 *Cyclospermum*

特征简介:一年生草本。茎多分枝,光滑。根生叶轮廓呈长圆形至长圆状卵形,3~4回羽状多裂,裂片线形至丝状;茎生叶通常3出式羽状多裂,裂片线形。复伞形花序顶生或腋生,无总苞片和小总苞片;伞辐2~3条,无毛;小伞形花序有花5~23朵,花柄不等长,无萼齿;花瓣白色、绿白色或略带粉红色,卵圆形,顶端内折;花丝短于花瓣;花柱极短。果实圆心脏形或圆卵形,分生果的棱5条,圆钝。

物种分布:原产于南美洲,现我国华东、华南各省均有分布。长荡湖湖堤、草丛偶见。

蛇床 *Cnidium monnieri* (L.) Cuss.

科属:伞形科 Apiaceae　蛇床属 *Cnidium*

特征简介:一年生草本。茎直立或斜上,多分枝,中空,表面具深条棱,粗糙。下部叶具短柄,叶鞘短宽,边缘膜质,上部叶柄全部鞘状;叶片轮廓卵形至三角状卵形,2~3回3出式羽状全裂,羽片轮廓卵形至卵状披针形,先端常略呈尾状,末回裂片线形至线状披针形,具小尖头。复伞形花序伞辐8~20条,不等长,棱上粗糙;小总苞片多数,线形,边缘具细睫毛;小伞形花序具花15~20朵,无萼齿;花瓣白色,先端具内折小舌片。分生果长圆状,横剖面近五角形。

物种分布:我国除华南及高原省份以外各省均有分布,北半球其他国家也有。长荡湖周边湖堤、田埂常见。

花期

野胡萝卜 *Daucus carota* L.

科属:伞形科 Apiaceae　胡萝卜属 *Daucus*

特征简介:二年生草本。茎单生,全株有白色粗硬毛。基生叶薄膜质,长圆形,2~3回羽状全裂,末回裂片线形或披针形,顶端尖锐,有小尖头,光滑或有糙硬毛;茎生叶近无柄,有叶鞘,末回裂片小或细长。复伞形花序;总苞有多数苞片,呈叶状,羽状分裂,少有不裂的,裂片线形;伞辐多数,结果时外缘的伞辐向内弯曲;小总苞片5~7枚,线形,不分裂或2~3裂,边缘膜质,具纤毛;花通常白色,有时带淡红色。果实圆卵形,棱上有白色刺毛。

物种分布:原产于欧洲,现我国长江流域及其以南各省皆有分布。长荡湖周边路旁、堤坝、荒地常见。

花期

果期

植物中文名称索引//